内蒙古自治区"十四五"职业教育规划教材

移动UI设计

张美枝　刘晓清　主　编
武　迪　魏　虹　王雅娟　副主编

清华大学出版社
北京

内 容 简 介

本书基于岗位工作流程，从移动 UI 设计的基础入手，把相关理论知识贯穿于基于工作流程的各个项目任务中，全面深入地讲解了移动 UI 设计的产品体验设计、产品交互设计、产品界面设计、产品交付设计四大模块知识内容。本书通过丰富的项目实战，帮助读者轻松且高效地掌握移动 UI 设计的相关基本知识、项目操作方法和技巧等。同时，本书随书附带所有项目实战案例的源文件和视频，方便读者学习和练习。

本书可作为数字媒体、移动软件开发等专业相关课程的配套教材，也适合 UI 设计师、交互设计师、准备转入 UI 设计方向的平面设计师学习和参考。

本书封面贴有清华大学出版社防伪标签，无标签者不得销售。
版权所有，侵权必究。举报：010-62782989，beiqinquan@tup.tsinghua.edu.cn。

图书在版编目(CIP)数据

移动 UI 设计/张美枝，刘晓清主编. —北京：清华大学出版社，2024.6
ISBN 978-7-302-66153-5

Ⅰ.①移⋯　Ⅱ.①张⋯　②刘⋯　Ⅲ.①移动终端－应用程序－程序设计　Ⅳ.①TN929.53

中国国家版本馆 CIP 数据核字(2024)第 086378 号

责任编辑：郭丽娜
封面设计：曹　来
责任校对：李　梅
责任印制：杨　艳

出版发行：清华大学出版社
　　　　网　　址：https://www.tup.com.cn，https://www.wqxuetang.com
　　　　地　　址：北京清华大学学研大厦 A 座　　邮　　编：100084
　　　　社 总 机：010-83470000　　邮　　购：010-62786544
　　　　投稿与读者服务：010-62776969，c-service@tup.tsinghua.edu.cn
　　　　质量反馈：010-62772015，zhiliang@tup.tsinghua.edu.cn
　　　　课件下载：https://www.tup.com.cn，010-83470410
印 装 者：三河市铭诚印务有限公司
经　　销：全国新华书店
开　　本：185mm×260mm　　印　张：10.75　　字　数：246 千字
版　　次：2024 年 7 月第 1 版　　印　次：2024 年 7 月第 1 次印刷
定　　价：45.00 元

产品编号：105921-01

前 言

在信息技术飞速发展和体验经济兴起的大潮下,数字媒体作为人类创新与科技相融合的新兴产物,在信息产业的发展过程中发挥着重要的作用,成为产业发展的重要驱动力之一,满足了服务于信息传递、娱乐和市场推广等多个领域的现代社会增长需求。随着基于安卓(Android)系统的移动智能设备的普及,人们的生活方式发生了飞速的变化,移动设备屏幕变得更大、功能更加齐全,这对移动 UI(user interface)设计的要求也就越来越高,致使 UI 设计产业被快速推动,并得到了持续性发展。

在新技术、新媒体不断涌现的今天,数字媒体教学如果仍采用传统的教学方法,教材仍采用亦步亦趋的介绍性文字,显然已经不能跟上时代的步伐,纯粹学术性的教学方法已不利于当前学习者尽快掌握知识技能和实战技巧。因此,作者与企业合作,试图编写一本校企"双元"合作开发、符合国家教材建设管理办法的"育训并举"的新形态教材,以侧重搭建理论框架和案例分析的传统纸质教材为主,配合侧重于案例教学视频、案例文档、素材等数字教学资源。本书整体知识模块编写坚持"必需够用"原则,基于岗位流程设定的知识模块和项目实践,符合新媒体四步教学法,遵循学习者的认知逻辑,从简单到复杂,从基础到专业,从理论到实践。

全书结构清晰、内容由简到难、案例精彩、步骤详细,使学习者学习起来更为轻松、方便。为了便于读者学习,本书还赠送了学习资源包。学习资源包收录了书中所有内容的教案、PPT,可登录清华大学出版社官方网站下载获取,项目任务工单和教学视频可通过扫描书中的二维码获取,方便读者随时对照和查阅。

本书有以下特色。

1.秉持"培根铸魂、启智增慧"的建设宗旨

推动党的二十大精神进教材、进课堂、进头脑,是培育时代新人的育人要求,也是深化课程思政教学改革创新的实践要求。本书作为育人育才的重要依托,始终围绕党的二十大精神,秉持"培根铸魂、启智增慧"的建设宗旨,构建教材思政内容的整体框架,聚焦技术技能传授与道德培育的同向同行。

2.坚持标准引领,保障教材内容质量

本书内容开发依据专业教学标准,对接行业岗位技能标准,兼顾产业的发展趋势与革新需求,建立内容的动态更新机制。跟踪产业前沿技术、工艺以及规范,提升内容与产业发展的契合度,并有效地推进教材层面的"课证融通",适应人才培养模式创新和优化课程

体系的需要。

3. 校企"双元"合作开发

编者以典型工作任务分析作为本书编写的逻辑起点，广泛吸纳行业企业人员参与编写；借助多方主体的比较优势进行编写，对接新技术、新工艺、新规范、新理念等，充分反映产业发展最新动态；注重以真实的生产项目、典型工作任务、案例等为载体组织内容框架；建立双元参与、贴近岗位、动态更新的教材开发机制。

4. 贯彻"以学习者为中心"的开发理念

本书立足 UI 设计领域的发展现状，主要面向高职类在校学生，同时也关注了退伍军人、UI 设计爱好者等不同学习群体的实际需求，内容编写层级结构浅显易懂、明确清晰，贴近学习者的学习认知。内容设计考虑典型工作任务分析的科学性和信息化教学呈现形式的创新性，准确把握职业教育面向就业、实践导向的"职业性"特征，将教师教学的"教材"转变为学生学习的"学材"。

5. 打造"育训并举"的新形态数字立体化教材

聚焦发展型、复合型、创新型人才培养模式，以传统纸质教材为载体，侧重搭建理论框架和案例分析，配合数字资源包，学习者可以通过获取资源包找到对应的教学视频、案例文档、素材等数字资源，形成可听、可视、可练、可互动的数字化教材。

6. 坚持"必需够用"原则

全面展示设计过程、设计要点及设计技巧，保证足够的实践教学时间；实训案例具有典型性，具备可迁移性和拓展性，使学习者能够举一反三；突出实践能力的培养，并具备行业评价保障机制，精心设计"学习评估"评价过程，实现教学目标的可操作性和可估量性；设计行业"小贴士"，体现职业教育的类型特征。

我们期望通过本书的教学实践，可以增强读者的公民意识和社会责任意识；拓宽读者在 UI 设计领域知识的广度与深度；提高读者的理性思考和创造性思维能力。

本书由张美枝、刘晓清担任主编，武迪、魏虹、王雅娟参与了编写。张美枝编写第 1 章；武迪编写第 2 章；魏虹编写第 3 章；刘晓清编写第 4 章；王雅娟编写第 5 章；企业教师隗妍负责项目全流程跟进与指导。在编写的过程中，编写团队参考了大量文献资料，也收录了内蒙古唯漫兄弟文化传媒有限公司提供的具有典型意义的作品案例——"青游"大学生国内游 App 开发，其中包括 10 个工作任务的全流程教学实践。在此也向相关文献的作者和企业中给予技术支持的各位老师表示最诚挚的感谢。在这里，要特别感谢企业的张贤老师在本书编写的过程中给予的建议和指导，使本书更加贴近教学和工作岗位。

由于编者水平有限，若有疏漏和不足之处，敬请广大读者批评、指正。

编　者

2024 年 2 月

目 录

第1章 移动 UI 概论 ... 1

1.1 UI 设计基础知识 ... 2
- 1.1.1 UI 设计概念 ... 2
- 1.1.2 UI 设计类型 ... 2

1.2 移动 UI 设计岗位分布 ... 4
- 1.2.1 三个概念的区别 ... 4
- 1.2.2 UED 设计师 ... 6
- 1.2.3 ID 设计师 ... 7
- 1.2.4 GUI 设计师 ... 8

1.3 移动 UI 设计流程 ... 9

1.4 移动 UI 尺寸规范 ... 12
- 1.4.1 英寸、像素、分辨率 ... 12
- 1.4.2 DPI 与 PPI ... 13
- 1.4.3 逻辑尺寸与物理尺寸 ... 13
- 1.4.4 常见的图片格式 ... 14

第2章 产品体验设计 ... 20

2.1 产品用户体验 ... 21

2.2 认识思维导图 ... 23
- 2.2.1 思维导图构成的要素 ... 23
- 2.2.2 认识 XMind ... 24

2.3 竞品分析 ... 25

2.4 用户需求分析 ... 29

2.5 产品信息架构 ... 31
- 2.5.1 产品信息架构因素 ... 31
- 2.5.2 产品信息架构的设计原则 ... 32

实训项目1 "青游"App 产品信息架构制作 ... 33

第 3 章　产品交互设计　　37

3.1　产品设计原则　　38
3.2　产品思维策划　　39
3.3　产品流程图　　41
　　3.3.1　流程图分类　　42
　　3.3.2　流程图的三种结构　　43
　　实训项目 2　"青游"App 登录流程图绘制　　44
3.4　产品交互原型设计　　50
　　3.4.1　App 产品交互原型设计　　51
3.5　交互原型软件——Axure RP　　52
　　实训项目 3　"青游"App 登录页原型图制作　　53
3.6　交互事件　　58
　　实训项目 4　"青游"App 登录页面跳转动效制作　　60

第 4 章　产品界面设计　　68

4.1　高保真输出常用软件　　70
　　4.1.1　图形图像处理软件——Adobe Photoshop　　70
　　4.1.2　矢量绘图软件——Adobe Illustrator　　70
　　4.1.3　矢量绘图软件——Adobe XD　　71
　　4.1.4　Figma　　72
　　4.1.5　MasterGo　　72
4.2　设计中的平面构成　　73
　　4.2.1　点、线、面　　73
　　4.2.2　图像元素　　76
　　4.2.3　多媒体元素　　76
4.3　设计中的色彩构成　　77
　　4.3.1　UI 设计中的色彩构成　　79
　　4.3.2　UI 设计中的配色技巧　　81
　　4.3.3　UI 设计中的色彩情感　　82
　　实训项目 5　"青游"App 情绪板制作　　88
4.4　图标设计及风格　　95
　　4.4.1　图标设计分类　　96
　　4.4.2　图标设计原则　　103
　　4.4.3　图标设计方法　　103
　　实训项目 6　"青游"App 产品图标设计与制作　　104
4.5　引导页　　108

4.5.1 引导页的风格与文案 …… 110
4.5.2 引导页的设计方法 …… 112
实训项目 7 "青游"App 引导页设计与制作 …… 114

4.6 用户界面的形式美 …… 121
4.6.1 形式美在用户界面中的重要性 …… 121
4.6.2 形式美法则在用户界面中的运用 …… 121

4.7 首页 …… 126
4.7.1 首页表现形式 …… 126
4.7.2 如何做好一个首页 …… 128
4.7.3 综合型首页的结构 …… 129

4.8 组件库 …… 140
4.8.1 组件库的价值 …… 141
4.8.2 原子设计理论 …… 142
4.8.3 如何搭建组件库 …… 142
实训项目 8 "青游"App 首页设计与制作 …… 143

4.9 Banner 视觉表现形式 …… 147
4.9.1 风格表现 …… 147
4.9.2 图形及文字排版设计 …… 149
4.9.3 色彩表现 …… 151
实训项目 9 "青游"App Banner 设计 …… 152

第 5 章 产品交付设计 …… 156

5.1 界面标注 …… 157
5.1.1 界面标注的常用软件 …… 157

5.2 产品切图 …… 158
5.2.1 切图的要点 …… 158
5.2.2 切图的命名规则 …… 158
实训项目 10 "青游"App 首页界面标注与切图 …… 160

参考文献 …… 164

第 1 章

移动 UI 概论

在互联网崛起的今天,电子产品占据了人们大部分日常生活与娱乐时间,多种多样的移动端应用、网站出现在各类电子屏幕上,而网站和应用能否被人们所喜爱、被市场所接纳,在一定程度上取决于 UI 设计的优劣。本章主要通过 UI 设计的基本知识,帮助读者尽快掌握 UI 设计的基础理论,为以后的学习打下基础,真正开启 UI 设计之门。

学习目标

素养目标:
- 熟悉团队协作关系;
- 培养对移动 UI 设计的兴趣与爱好。

知识目标:
- 了解 UI 设计概念;
- 熟悉移动 UI 设计师各岗位职责;
- 掌握移动 UI 设计流程。

能力目标:
- 运用信息手段,解决项目中的各种问题;
- 掌握移动 UI 设计工具的使用技巧。

UI 是指用户界面设计,通常是指计算机软件、移动应用、网站或其他数字产品中,为用户提供可视化交互方式的设计界面。UI 设计的目的是让用户尽可能轻松、高效地完成任务,并将用户与应用程序之间的交互过程变得更加愉悦和流畅。UI 设计通常包括界面布局、颜色、字体、交互方式、图标等方面的设计。UI 的好坏直接影响用户对产品的使用体验。

1.1 UI 设计基础知识

UI 是一个广义的概念，包含软件设计和硬件设计，囊括了用户体验设计（user experience design，UED）、交互设计（interaction design，ID）以及图形用户界面设计（graphical user interface，GUI）。

1.1.1 UI 设计概念

UI 是一种结合计算机科学、美学、心理学、行为学以及各商业领域需求分析的人机系统工程，强调人—机—环境三者作为一个系统进行总体设计。优秀的 UI 设计不仅让软件变得有个性、区别于其他产品，还让用户使用起来更便捷、更高效。

人们在日常生活中使用的界面，首先是能直观感受到的屏幕上的界面，它们能够传递产品的第一印象。一个友好、美观、体验感舒适的界面能给用户带来愉悦的感受，以此增强用户黏性，增加产品的附加值。也正因为如此，很多人一说到 UI，就会想到界面设计，认为 UI 就是指界面设计，这样的理解是片面的，也是错误的。一个好的 UI 设计，是设计师调研了用户群体、使用环境、使用方法后进行可行性调研数据整理，再根据输出的数据进行交互性设计（原型设计），最后输出高保真界面设计，这样才形成了最终的 UI 设计。可见，UI 设计是一个系统的、庞杂的总体设计，并非单一的界面设计。

1.1.2 UI 设计类型

UI 设计在适用的终端设备中，有许多不同的类型，常见的主要包括以下几种。

1. 平面 UI 设计

平面 UI 设计是一种基于平面设计原则的 UI 设计，通常是实现二维交互体验，主要包括排版、色彩、图标等，如应用于智能电视、流媒体设备、游戏控制台、数字音乐播放器等终端。

2. Web UI 设计

Web UI 设计关注的是 Web 应用程序的设计，主要关注网站的设计，需要考虑页面布局、导航设计、响应式设计、视觉设计等方面，如应用于平板电脑和计算机操作系统的终端。

3. 移动 UI 设计

移动 UI 设计是指设计移动应用产品如手机应用的界面。与网页设计相比，移动 UI

设计需要更加关注触摸屏的交互方式,并且需要更加注重设计的简洁性和直观性,面向的是智能手机终端。

4. 游戏 UI 设计

游戏 UI 设计是指游戏界面的 UI 设计,需要建立视觉代表性,要求设计者具有精湛的设计技巧和游戏战略性,如应用于手游、端游和网游终端。

5. 虚拟现实 UI 设计

虚拟现实 UI 设计是一个新兴领域,它需要设计者充分了解用户在虚拟环境中的行为和体验,并通过设计来提高沉浸感和体验感,如应用于虚拟现实头显、虚拟现实游戏、虚拟现实培训和模拟、虚拟现实旅游和参观等终端。

6. 嵌入式 UI 设计

嵌入式 UI 设计是指在嵌入式系统中用户界面的设计。它需要考虑硬件和软件之间的交互,以及用户与嵌入式系统的交互方式等需求,如应用于车载娱乐系统、导航系统、智能冰箱、智能洗衣机、医疗设备、工业控制系统、智能手表、健康追踪器、智能眼镜等终端。

图 1-1 展示了几种常见的 UI 设计类型。

(a) 平面 UI

(b) Web UI

(c) 嵌入式 UI

(d) 移动 UI

(e) 游戏 UI

(f) 虚拟现实 UI

图 1-1 UI 设计的常见类型

1.2 移动 UI 设计岗位分布

移动 UI 设计的岗位包括用户体验设计、交互设计、图形用户界面设计三大类,这些名称是刚刚从事 UI 设计行业的设计师容易混淆的概念。如果把 UI 设计比喻为一位漂亮的空乘人员,那么她灵活的服务意识、熟知不同乘客的不同需求、想乘客之所想则是 UI 设计中的 UED 设计师;她温柔的表达、令人舒适的服务行为则是 ID 设计师;她漂亮的外表、悦目的装扮就犹如 GUI 设计师,如图 1-2 所示。

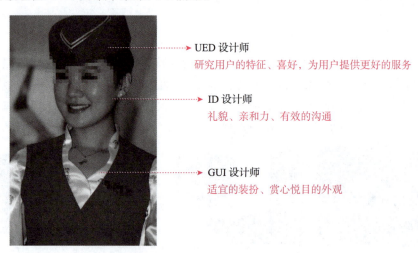

图 1-2 移动 UI 设计岗位特点

1.2.1 三个概念的区别

1. UED

UED(user experience design)是指在设计产品或系统时,关注和优化用户在使用过程中的感受、满意度和效果的过程。它涉及用户在与产品或系统进行互动时的情感、认知、行为和目标等方面。用户体验设计的核心目标是创建一个对用户友好、易用、愉悦和有效的界面,以满足用户的需求、期望和目标,并提供最佳用户体验。用户体验设计有以下几个关注点。

(1)用户研究:通过调研、用户访谈、观察和分析等手段,深入了解用户的需求、行为和期望,以便为他们设计更符合其需求的产品和界面。

(2)信息架构:设计产品的信息结构,使信息层次清晰,易于理解和导航,帮助用户快速找到所需的信息。

(3)交互设计:设计界面元素和用户交互流程,确保用户可以轻松、直观地完成任务和操作,以及提供良好的反馈和引导。

(4) 可用性和可访问性:关注产品的易用性和可访问性,确保用户能够在不同设备和环境下获得相同的良好用户体验。

(5) 视觉设计:采用合适的颜色、字体、图标和视觉元素等,创建一个美观、一致和易于理解的界面,使界面与产品的目标和品牌形象相协调。

(6) 用户测试和反馈:通过用户测试和收集用户反馈,了解用户的实际使用情况和感受,以便对产品进行改进和优化。

用户体验设计旨在创造一个用户满意度高、易用、有效和愉悦的产品或界面,提供良好的用户体验,促使用户留存和积极推荐。

2. ID

ID(interaction design)是在设计过程中关注用户与产品或系统之间的互动方式、交流和反馈的设计领域。它关注设计产品的界面元素和用户的操作流程,以创造易于使用和有效的用户体验。

交互设计的目标是设计使用户能够轻松、直观地与产品进行交互的界面,确保用户可以顺利完成任务,获得所需的信息,并提供即时的反馈和引导。一般而言,交互设计要遵循一定的步骤进行设计,为特定的设计问题提供相应的解决方案(没有绝对正确的方案)。设计流程的关键在于快速迭代,快速建立原型,通过用户测试改进设计方案。

交互设计过程有如下几个要点。

(1) 用户群体调研:通过用户调研的手段(介入观察、非介入观察、采访等),了解用户及其相关使用场景,以便对其有深刻的认识(主要包括用户使用应用时的心理模式和行为模式),从而为后续设计提供良好的基础。

(2) 设计概念形成:通过综合考虑用户调研的结果、技术可行性、商业机会,交互设计师为设计目标创建概念(目标可能是新的软件、产品、服务或者系统)。整个过程可能需要迭代多次,每个过程可能包含头脑风暴、交谈(无保留的交谈)、细化概念模型等活动。

(3) 用户模型创建:设计师基于用户调研得到的用户行为模式创建故事板,包括用户画像、用户故事、使用场景等,描绘产品将来被使用的形态。通常,设计师先通过人物志来创建使用场景的基础。

(4) 使用需求创建:交互设计师通过相关软件(XMind 或 MindManager 等思维导图软件)描述设计对象的功能和行为。

(5) 交互原则制订:基于用户行为模式和使用需求,制订应用程序的交互设计原则,确定 UI 元素的变化,如按键感应效果、页面缩放效果等。

(6) 原型设计实施:交互设计师通过原型设计软件(Axure RP、Adobe XD、Figma 或 MasterGo 等)来测试设计方案的可行性。原型大致分为三类:功能测试原型、感官测试原型以及实现测试原型。这些原型用于测试用户和设计系统交互的质量,可以是低保真的,也可以是高保真的,最终为开发团队提供交互规范、模型和原型等交互设计相关的输出。

3. GUI 设计

GUI 设计(graphical user interface)是在 UI 设计中,重点关注通过图形和可视化元素来构建用户界面的设计过程。它主要涉及设计和布局可视化元素，如图标、按钮、菜单、窗口等，以及用户与这些元素的交互方式。

GUI设计的目标是设计直观、易于理解和使用的用户界面，以提供良好的用户体验。以下是GUI设计的一些关键方面。

（1）布局和组件设计：设计界面的整体布局和各个组件的位置、大小和对齐方式，以及它们之间的关系和空间分配。

（2）图标和按钮设计：设计符合产品风格和用户期望的图标和按钮，以便用户可以通过单击、触摸等方式与界面进行交互。

（3）色彩和视觉设计：选择和运用合适的颜色方案，以传达产品的目标、品牌形象和用户情感。确保界面元素的视觉效果和布局的一致性。

（4）字体和排版设计：选择合适的字体类型，以及优化字体的大小、行距和对齐方式，以提高信息的可读性和清晰度。

（5）图形和多媒体设计：设计和使用合适的图形、照片、动画和多媒体元素，以增强界面的吸引力和交互体验。

（6）响应式设计：设计适应不同屏幕尺寸和方向的界面，以确保在不同设备上都能提供良好的用户体验。

通过综合考虑和应用这些方面，GUI设计旨在为用户创造一个直观、易于使用和美观的界面，提供良好的用户体验，以满足用户的需求并提升产品的价值。

1.2.2　UED设计师

UED设计师（主要工作内容是研究用户）专门负责设计用户体验，关注的是用户的行为习惯和心理感受，也就是揣摩怎样的操作过程可以令用户感到满意。UED设计师主要负责规划整个产品的设计思路和执行过程，帮助将产品概念转化为可交互的用户界面和设计。

UED团队包括交互设计师（interaction designer）、视觉设计师（vision designer）、用户体验设计师（user experience designer）、用户界面设计师（user interface designer）和前端开发工程师（front web developer）等。这些设计师是跨界的设计师，他们的工作涉及用户行为、肖像、视觉设计、UI、交互设计、可访问性和测试等多个领域，关注的是用户的感受、体验和产品的易用性。

UED设计师需要在产品设计之前，实现对用户体验的调研，并通过分析和解决用户在产品使用过程中遇到的问题，理解和尊重不同的文化，实现高质量的用户体验设计。同时，UED设计师还需要设计清晰、具有导航性、易于操作的用户界面，减少Bug，以满足用户的使用需求。UED设计师还需要制定产品的测试方法，以便在产品发布前或者发布过程中对产品进行测试，以确保产品的稳定性、性能和易用性。

作为时代经济、科技和人文精神载体的互联网产品，应更加关注用户体验，使产品能够简单、易用，让人产生愉快、有趣的体验。一切不考虑用户体验的产品，都是不成功的。

在UI设计中，UED设计师需要具备的素质包括九种能力，具体内容如表1-1所示。

表 1-1　UED 设计师需要具备的素质

维　度	说　明
用户研究能力	了解用户需求、用户的行为模式和心理特点,进行用户调研和用户测试,为设计提供用户洞察参考
信息架构能力	能够进行信息分类、组织结构,设计清晰、易用的信息架构,帮助用户快速找到产品体验所需信息
交互设计能力	设计交互流程、界面动效和交互细节,确保用户与产品的交互过程顺畅、自然、符合用户预期
创造力敏锐度	具备创意思维,能够提供独特的用户体验解决方案,对用户需求具有敏锐的洞察力
美学和视觉设计能力	对色彩搭配、界面布局、视觉效果等具有独到的审美能力,能够创造美观的设计作品
用户测试和分析能力	能够运用用户测试和数据分析方法,评估用户体验,发现问题并提出改进措施
技术了解和沟通能力	对前端开发技术有所了解,能与工程团队进行有效沟通协作,确保设计的可实现性
团队合作和沟通能力	能够与产品经理、设计师、开发人员等紧密合作,共同推动项目,理解和兼顾其他团队成员的需求和观点
学习能力和持续改进能力	持续关注行业动态和设计趋势,不断学习新的设计方法和工具,不断改进和优化设计

所以,UED 设计师在产品的设计中起着至关重要的作用,他们需要深入了解用户需求,进行精心的设计和测试,从而实现优良的用户体验设计,帮助团队设计出面向用户的产品。

1.2.3　ID 设计师

ID 设计师(主要工作内容是研究用户与界面的关系,又称交互设计师)在 UED 设计师提供的用户研究和需求调研的基础上,设计产品整个流程或功能的用户交互流程图,并制订用户界面设计方案。ID 设计师使用工具制作交互原型并进行交互测试,从而评估用户体验。与项目团队、开发人员和测试人员协作,确保设计方案的实现效果符合要求。

在 UI 设计中,ID 设计师需要具备的素质如表 1-2 所示。

表 1-2　ID 设计师需要具备的素质

维　度	说　明
用户调研能力	能够进行用户调研,理解用户需求和行为模式,从用户的角度出发进行设计
创意思维	具备良好的创意思维能力,能够提出独特、实用的设计方案
美学素养	对色彩搭配、页面布局、视觉效果等具备独到的审美能力,能够打造美观的设计作品
对技术的了解	对前端开发技术、可行性有一定了解,能够进行技术层面的沟通和协调

续表

维度	说明
人际沟通能力	与产品经理、开发人员等多个角色进行有效的沟通,确保设计理念的传达和实施
团队合作能力	能够与团队成员密切合作,共同推进项目,理解和兼顾其他设计师的观点与建议
学习能力	紧跟行业动态,不断学习新的设计工具和技术,保持对设计领域的持续关注

以上是 ID 设计师在 UI 设计中需要具备的一些素质,这些素质将有助于他们打造符合用户需求并且具有良好用户体验的设计作品。

1.2.4 GUI 设计师

GUI 设计师(主要工作内容是研究图形用户界面)是指负责设计图形用户界面的专业人员。他们通常负责创建各种应用程序界面,包括操作系统界面、移动应用界面和网站界面等。

GUI 设计师通常需要具备软件界面和交互设计方面的技能,并能够使用多种软件工具进行设计和开发。GUI 设计师需要综合考虑用户需求和软件性能,并通过各种设计和开发技术实现最佳用户界面和用户体验。

GUI 设计师需要具备的素质如表 1-3 所示。

表 1-3 GUI 设计师需要具备的素质

维度	说明
用户体验理解能力	需要精通用户体验设计,了解用户使用场景以及相关的心理学,这将有助于他们在设计过程中考虑用户需求和用户体验
沟通协作能力	应具备良好的沟通协作能力,能够有效地与其他团队成员,如开发人员、产品经理和测试人员沟通和协作
创意能力	需要具备创意思维,GUI 设计师应该能够在非常中规中矩的方案中寻找灵感以及提出简洁的实施方案
视觉设计能力	需要对色彩、字体、图片和其他视觉元素有深刻的理解,精通多种设计软件,如 Photoshop、Illustrator、Sketch、AE、Figma、MasterGo 等
架构和组件设计能力	能够设计并构建一个完整的模块化结构,寻找系统上最合适的元素和组件以及最优算法
细节把控能力	良好的细节把控能力是一名优秀的 GUI 设计师必备的素质,这将有助于他们注意和控制每一个细节,并以此提升用户体验
学习能力和良好的个人素质	在信息化技术高度发达的今天,GUI 设计师需要通过不断学习来更新自己的知识和能力,需要具备良好的个人素质,如责任心、自律性和抗压能力等

总的来说,GUI 设计师是负责计算机图形用户界面设计和开发的专业人员,他们需要有交互设计、可用性设计、美术设计及前端开发技能,致力于使界面设计更加人性化、可靠、易用,提供优质的用户体验。

1.3 移动 UI 设计流程

移动 UI 设计的具体流程可以分为市场调研、产品定位、用户研究、架构设计、原型设计、界面设计、界面输出、可用性测试、产品上线和方案优化这 10 个步骤。

1. 市场调研

做任何产品设计,均以市场调研先行,通过多种方法如网络论坛、关键词搜索等方法对该领域的竞争格局、市场状况进行概况摸底,继而对产品市场进行全面的基础调研,寻找市场中的 2~3 款竞争产品进行竞品分析。这样做的目的有两个:一是要整理出竞争产品的功能规格,分析其规格代表的需求,以及需求背后的用户和用户目标;二是分析竞品的功能结构和交互设计,从产品设计的角度解释其优点、缺点及其生成原因。这些内容将成为产品设计的第一手资料,形成相应竞品分析文档。

在整个市场过程中,要彻底理解如何调研市场、竞争对手、差异性以及机会,这对设计师来说非常重要。市场调研的具体内容如下。

(1) 目的:调研产品的市场状况、目标群体,寻找竞品,通过竞品分析梳理出产品的用户需求、运行方式等。

(2) 主要执行人员:产品经理(product manager,PM)、用户体验设计人员。

(3) 沟通对象:销售人员、用户运营人员、产品营销人员、典型用户等。

(4) 实现办法:会议讨论、网络搜集、调查问卷、用户约谈。

(5) 工作职责:团队配合收集资料,确定竞品指标,比较分析,输出竞品分析文档。

2. 产品定位

通过上面的基础调研,进入产品分析阶段。该阶段的主要目的是分析产品最突出的功能是什么,和同类产品比较的优势是什么,明确什么样的人会用该产品(年龄、性别、爱好、收入、受教育程度等),在什么设备上用(计算机、智能手机、平板电脑),确定需要完成哪些业务,确定的业务功能又将如何展现等。产品定位的具体内容如下。

(1) 目的:调研产品的市场定位、目标群体定位等,分析市场需求、目标用户需求、运行方式等。

(2) 主要执行人员:产品经理、用户体验设计人员、交互设计人员、界面设计人员。

(3) 沟通对象:销售人员、用户运营人员、产品营销人员、典型用户等。

(4) 实现办法:会议讨论(头脑风暴、无保留地交谈等)。

(5) 工作职责:在竞品分析的基础上,对产品进行市场定位,输出产品策划书。

3. 用户研究

结合竞品分析、产品定位的分析资料,采用定性分析的方法,获得对产品的目标用户在概念层面的认识。用户研究的具体工作安排如下。

（1）目的：细化目标用户的使用特征、情感、习惯、心理、需求等，提出用户研究报告和可用性设计建议。

（2）主要执行人员：产品经理、用户体验设计人员、交互设计人员、界面设计人员、开发人员。

（3）沟通对象：销售人员。

（4）实现办法：用户画像、情景模拟。

（5）工作职责：团队配合收集资料，制订实景用户分析，输出用户研究报告。

4. 架构设计

从产品功能逻辑入手，结合对常见软件的经验积累和对竞品的认识，加之对用户的理解，为产品设计一个尽量接近用户对产品运行方式的理解的概念模型，并使其成为产品设计的基础架构。架构设计的具体工作安排如下。

（1）目的：根据可用性分析结果确定交互方式、操作与跳转流程、结构、布局、信息和其他元素。

（2）主要执行人员：产品经理、用户体验设计人员、交互设计人员、界面设计人员。

（3）沟通对象：销售人员、技术人员。

（4）实现办法：界面设计人员进行风格设计，与产品经理拿出定稿；用户体验设计人员与交互设计人员整理出交互及用户体验方面的意见，反馈给界面设计人员和产品经理；客户等待低保真效果图。

（5）工作职责：根据可行性分析确定交互方式、操作与跳转流程、结构、布局、信息和其他元素，输出产品信息架构图。

5. 原型设计

原型设计的本质更像一个DEMO（演示版本或样品），不需要实现全部功能，只要将前面所有流程以页面的形式呈现，体现产品对象的基本特征即可。原型设计的具体工作安排如下。

（1）目的：根据进度与成本，将原型设计控制在"手绘—图形—小视频"这个质量范围内。

（2）主要执行人员：产品经理、用户体验设计人员、交互设计人员、界面设计人员。

（3）沟通对象：用户、开发人员。

（4）实现办法：设计规范、代码及程序开发。

（5）工作职责：经过对产品信息架构的全面梳理，通过原型设计软件实现产品低保真原型图的输出。

6. 界面设计

对上述低保真原型图进行高保真图输出，完善各个设计细节、交互文本和信息设计。界面设计的具体工作安排如下。

(1) 目的：根据原型制作的低保真图进行视觉效果的高保真输出。

(2) 主要执行人员：界面设计人员、开发人员。

(3) 沟通对象：产品经理、用户体验设计人员、销售人员。

(4) 实现办法：制作情绪板，确定色调，利用 Photoshop、Illustrator、Sketch、Adobe XD、Figma、MasterGo 等软件制作最终高保真图。

(5) 工作职责：确定整个界面的色调、风格、界面、窗口、图标、皮肤的表现等，输出关键页面的高保真图。

7. 界面输出

对高保真图进行设计和逻辑说明，对界面控件、控件组、窗口的属性和行为进行标准化定义，梳理完整的界面交互逻辑。界面输出的具体工作安排如下。

(1) 目的：配合开发人员完成相关界面的结合。

(2) 主要执行人员：界面设计人员、开发人员。

(3) 沟通对象：产品经理、用户体验设计人员、销售人员。

(4) 实现办法：完成界面的标注与切图，输出设计制作好的高保真图稿。

(5) 工作职责：配合技术部门实现界面设计的实际效果输出。

8. 可用性测试

程序测试部门通过代表用户群体测试、专家评审、启发式评估、A/B 版测试法对已有项目进行可用性测试，及时发现问题，及时修改。可用性测试的具体工作安排如下。

(1) 目的：对项目开展一致性测试、信息反馈测试、界面简洁性测试、界面美观度测试、用户动作测试、行业标准测试等。

(2) 主要执行人员：程序测试部门。

(3) 沟通对象：产品经理、用户体验设计人员、界面设计人员、程序员、销售人员。

(4) 实现办法：测试原型。

(5) 工作职责：负责原型的可用性测试，发现可用性问题并提出修改意见，形成可用性测试报告。

9. 产品上线

对测试后无误的方案进行产品上线及市场投放，但至此设计并没有结束，相关人员后期仍需要采集用户反馈，看看用户真正使用时的感想，为以后的版本优化及升级积累经验资料。产品上线的具体工作安排如下。

(1) 目的：检验前面工作的成果是否符合市场及用户需求。

(2) 主要执行人员：开发人员、销售人员。

(3) 沟通对象：程序测试部门。

(4) 实现办法：监控和测试原型。

(5) 工作职责：收集市场对产品的体验数据，汇编成文字，进行说明性记录。

10. 方案优化

通过产品的真实上线测试，获取优化数据，对产品进行持续优化，同时对产品各阶段数据进行梳理汇总，为产品的下一次迭代提供有力的市场及专业论据。方案优化的具体工作安排如下。

（1）目的：全面掌握产品设计的优缺点。

（2）主要执行人员：产品经理、用户体验设计人员、界面设计人员。

（3）沟通对象：开发人员、销售人员。

（4）实现办法：撰写产品分析报告、对方案提出优化建议。

（5）工作职责：对以上9个阶段的设计进行详细系统的梳理。

移动UI设计的流程不同于PC端、嵌入式设备设计，其特点是需要考虑更多移动设备的使用习惯和特性，这需要移动UI设计人员更全面地考虑用户需求并考虑对接产品最初期的手机终端。

1.4 移动UI尺寸规范

在移动UI设计中，屏幕分辨率和尺寸与移动UI界面设计有着密不可分的关系。在设计时，只有详细了解被设计平台的精确参数，才能保证设计出的界面在该平台正常显示与应用。

1.4.1 英寸、像素、分辨率

在UI设计中，英寸（inch）是用于度量屏幕或显示器物理尺寸的单位。它指的是屏幕的对角线长度，如15英寸、27英寸等。英寸是一个相对于实际物理尺寸的度量单位，它并不直接表示屏幕的宽度和高度。

像素（pixel）是图像显示的最小单位，它是构成图像的单个点。每个像素可以显示不同的颜色和亮度，它们的组合形成了整个图像。在UI设计中，像素常用于描述屏幕的分辨率和元素的大小。例如，屏幕分辨率为1920像素×1080像素表示屏幕水平方向有1920个像素点，垂直方向有1080个像素点。

分辨率（resolution）是指屏幕或显示器能够显示的像素数量，通常用水平方向的像素数乘以垂直方向的像素数来表示，如1920像素×1080像素。分辨率决定了屏幕可以显示的细节和图像清晰度。较高的分辨率通常意味着更高的图像质量和更多可见细节。

总结一下，英寸是度量屏幕物理尺寸的单位，像素是构成图像的最小单位，分辨率是屏幕能够显示的像素数量。在UI设计中，英寸用于描述屏幕的大小，像素用于描述元素的大小，而分辨率则决定了屏幕的图像质量和显示细节。

1.4.2　DPI 与 PPI

1. DPI

网点密度(dots per inch，DPI)，代表每英寸点数，用来衡量打印设备上每英寸打印点的密集程度。较高的 DPI 意味着在同样大小的区域内有更多的打印点，从而可以打印出更细致、更清晰的图像。在 UI 设计中，DPI 用于确定设计图在打印输出时的质量和清晰度。

2. PPI

像素密度(pixels per inch，PPI)，代表每英寸像素数，用来衡量每英寸屏幕或显示器上显示的像素密度。较高的 PPI 意味着在同样大小的屏幕上有更多像素，从而可以显示更细腻、更清晰的图像。在 UI 设计中，PPI 用于确定设计图在屏幕上的显示效果和清晰度。

DPI 和 PPI 有以下区别。

(1) DPI 通常用于打印领域，衡量打印质量，影响设计图在打印物上的清晰度。

(2) PPI 通常用于屏幕显示领域，衡量屏幕分辨率，影响设计图在屏幕上的显示效果。

(3) DPI 是用于打印设备的单位，而 PPI 是用于屏幕和显示设备的单位。

(4) 在一些情况下，DPI 和 PPI 可以互换使用，但在严格意义上，它们表示不同的概念。

总结一下，DPI 和 PPI 都是关于图像分辨率的度量单位，但 DPI 用于衡量打印设备上的打印质量，PPI 用于衡量屏幕的显示效果。它们的特点和使用场景有所不同。

1.4.3　逻辑尺寸与物理尺寸

在 UI 设计中，逻辑尺寸(logical size)和物理尺寸(physical size)是两个概念，用于描述 UI 元素在设计过程中以及最终呈现时的尺寸。

逻辑尺寸是指 UI 元素在设计软件中的虚拟尺寸。它通常以像素为单位，表示元素在屏幕上占据的宽度和高度。逻辑尺寸是设计师在 UI 设计过程中使用的主要尺寸参考，用于确定元素的布局、比例和排列。在设计软件中，设计师可以直接设置和调整元素的逻辑尺寸，而不需要考虑最终的物理尺寸。

物理尺寸是指 UI 元素在实际设备上的实际尺寸。它通常以英寸或毫米为单位，表示元素在屏幕或设备上的物理宽度和高度。物理尺寸受到设备屏幕尺寸、分辨率以及像素密度等因素的影响。相同的逻辑尺寸在不同设备上的物理尺寸可能会有所差异。

在 UI 设计过程中，理解和区分逻辑尺寸和物理尺寸是非常重要的。设计师根据逻辑尺寸来创建和布局元素，而最终的物理尺寸取决于实际设备的特性。考虑到不同设备上的物理尺寸差异，设计师需要兼顾不同屏幕尺寸和像素密度的适配，以确保 UI 元素在各种设备上正确呈现并且能够带来良好的用户体验。

总结一下，逻辑尺寸是指 UI 元素在设计软件中的虚拟尺寸，以像素为单位，用作设计过程中布局和比例的参考；物理尺寸是指 UI 元素在实际设备上的实际尺寸，以英寸或毫米为单位,受设备特性和像素密度的影响。理解和区分逻辑尺寸和物理尺寸,对进行适配和保证用户体验至关重要。

1.4.4 常见的图片格式

图像文件的存储格式主要分为两大类,分别是位图和矢量图。位图格式包括PNG、GIF、JPEG、PSD、TIFF和BMP等;矢量图格式包括AI、EPS、FLA、CDR和DWG等。移动UI界面的各种元素通常会以PNG、GIF和JPEG格式进行存储。

1. 位图

位图图像也被称为栅格图像或像素图像。它由一系列小方块(像素)组成,每个像素都包含了颜色和位置信息。当将位图放大时,可以看见构成整个图像的无数小方块。放大位图尺寸的方法是增大单个像素,从而会使线条和形状显的参差不齐,如图1-3所示。

图1-3 放大后的位图

1) PNG 格式

PNG(portable network graphics)是一种流行的位图图像文件格式,为便携式网络图形格式,是最新图像文件格式,具有较广泛的应用。能够提供长度比GIF小30%的无损压缩图像文件。同时提供24位和48位真彩色图像支持以及其他诸多技术性支持。

PNG格式有以下优点:
(1) 支持高级别无损耗压缩;
(2) 支持Alpha通道不透明度;
(3) 支持伽马校正;
(4) 支持交错;
(5) 在Web浏览器上可浏览。

PNG格式有以下缺点:
(1) 版本较低的程序或浏览器支持;
(2) PNG提供的压缩量较小;
(3) 不支持多图像文件或动画文件。

2) GIF 格式

GIF(graphics interchange format)是一种常见的位图图像文件格式,具有许多独特的特点和使用场景。它不属于任何应用程序,其压缩率一般在 50% 左右,最多支持 256 种色彩的图像,几乎所有相关软件都支持这种格式,公共领域有大量的软件在使用 GIF 格式的图像文件。GIF 最大的特点是在一个 GIF 格式的文件中可以存储多幅彩色图像,如果把存储在一个文件中的多幅图像数据逐幅读出并显示到屏幕上,就可以得到一种最简单的动画。

GIF 格式有以下优点:

(1) 采用无损压缩,可以保证图像的品质;

(2) 支持动画;

(3) 支持透明背景存储,失真小,无锯齿;

(4) 体积较小,被广泛应用于网络传输。

GIF 格式有以下缺点:

(1) 只有 256 种颜色;

(2) 在存储无透明区域、颜色及其复杂的图像时,文件体积会变得很大,不如 JPEG 格式;

(3) IE6 以下版本不支持 PNG 格式的透明属性。

3) JPEG 格式

JPEG(joint photographic experts group)是一种目前最常见、最流行的位图图像文件格式,用于压缩照片和其他真实场景图像。该格式最大的特点在于可以进行灵活的压缩,具有调节图像质量的功能,允许用不同的压缩比例对文件进行压缩,支持多种压缩级别,压缩比通常在 10∶1~40∶1,压缩比越大,图像品质就越低;相反,压缩比越小,图像品质就越高。该格式能够较好地保留色彩信息,支持 24 位真彩色,适合互联网传输。

JPEG 格式有以下优点:

(1) 摄影或写实作品支持高级压缩;

(2) 利用可变的压缩比控制文件大小;

(3) 支持交错;

(4) 广泛支持网络标准。

JPEG 格有以下缺点:

(1) 有损耗压缩会使图片质量下降;

(2) 压缩幅度过大,不能满足打印输出;

(3) 不适合存储颜色少、具有大面积相近颜色的区域,不支持亮度变化明显的简单图像。

4) PSD 格式

PSD 格式是 Adobe Photoshop 的专有源文件格式,也被称为"Photoshop 文档"。PSD 格式广泛用于保存位图、图层、路径、调整图层、文本、特效和其他图像编辑元素。它是一种支持高级图像编辑功能的文件格式,并保留了图像编辑的详细信息。PSD 文件可以存储多个图层,每个图层都可以单独编辑和控制,这使后期修改和调整变得非常灵活和方便。此外,PSD 格式还支持不透明度、通道、遮罩以及矢量形状等高级特性,使用户可以实现更精确和复杂的图像编辑操作。PSD 文件可以在 Photoshop 中打开和编辑,在保存时可以选择不同的压缩方式来控制文件大小和图像质量。然而，由于 PSD 是一种专有格式，对其他图像编辑软件的兼容性可能有限，因此在与其他软件进行文件交换时可能需要进行格式转换或导出为其他格式，如 JPEG 或 PNG。

PSD 格式有以下优点：

（1）支持多图层存储；

（2）包含矢量图形和位图图像，使设计文件可以灵活地处理不同类型的图像内容；

（3）可以保留图像的不透明度通道信息，方便设计文件的合成和叠加；

（4）具有跨平台的兼容性。

PSD 格式有以下缺点：

（1）文件较大；

（2）不适合网页和移动端使用。

5）TIFF 格式

TIFF（tagged image file format）是一种被广泛用于图像存储和交换的文件格式。它被设计为一个灵活、可扩展的和跨平台格式，支持无损压缩和多种颜色模式。TIFF 格式能够保存高质量的图像，包括位图和多页文档。它支持多种图像和色彩深度，包括黑白、灰度、索引、RGB 和 CMYK 等色彩模式，因此非常适用于摄影、印刷和出版行业。

TIFF 文件的特点在于，它能够保存图像的元数据和标签信息，这些信息包含了图像的版权、作者、创建日期、分辨率等详细信息。此外，TIFF 格式还支持图像的分层，使用户可以将不同的图像元素和编辑操作保存为不同的图层，方便后续编辑和修改。

然而，由于 TIFF 格式支持的功能和灵活性较高，导致文件通常较大，占用的存储空间较多。同时，由于 TIFF 格式是一种开放标准，不同软件支持的子集和编码方式可能存在差异，可能导致兼容性问题。总的来说，TIFF 格式以其高质量、多功能和元数据支持著称，成为专业图像处理和存储的重要文件格式。

TIFF 格式有以下优点：

（1）无损压缩；

（2）支持多通道图像，可以保存 RGB、CMYK、灰度等不同颜色模式的图像，并且可以保留不透明度通道信息；

（3）对不同的操作系统和各种图像处理软件具有较好的兼容性，便于文件的交换和共享；

（4）支持多种位深度，包括 8 位、16 位、32 位等，适用于各种图像的存储需求；

（5）适合作为专业图像处理软件的输出格式，提供高质量的图像输出结果。

TIFF 格式有以下缺点：

（1）文件较大；

（2）不适合网页和移动端使用。

6）BMP 格式

BMP（bitmap image file format）是一种简单的位图图像文件格式。它最早由 Microsoft 开发并在 Windows 操作系统中广泛使用。BMP 格式以其简单的文件结构和广泛的兼容性而闻名。BMP格式使用无损的图像存储方式,每个像素都使用固定的位数来表示颜色信息,如24位真彩色或8位索引颜色。它没有任何压缩算法,因此图像的质量不会因为压缩而降低,但文件相对较大。BMP格式的优势在于简单性和广泛的兼容性。几乎所有图像编辑软件和操作系统都支持打开和保存BMP文件,使BMP格式成为跨平台图像交换的一种标准。此外,BMP格式还支持无损的透明度和图像元数据的存储,方便用户保存和获取相关信息。然而,BMP格式的文件大小一直是其缺点之一。由于没有任何压缩,BMP文件通常较大,可能占用大量存储空间。在需要存储或传输大量图像时,这可能导致效率低下和资源浪费。总的来说,BMP格式以其简单性和兼容性而闻名,但在文件大小方面存在限制。

BMP格式有以下优点:
(1) 无压缩;
(2) 保留了图像的准确性和细节,适合需要精确色彩的应用;
(3) 支持不透明度通道,可以保存带有透明背景的图像;
(4) 无平台限制,可以在Windows、Mac和Linux等系统中识别和打开。

BMP格式有以下缺点:
(1) 文件较大;
(2) 不适合网页和移动端使用;
(3) 不支持透明压缩。

2. 矢量图

矢量图是使用数学公式和图形元素描述的图像类型,与位图(像素图)相对。矢量图只能靠软件生成,文件占用的存储空间较小。因为这类图像文件包含独立的分离图像,可以无限制地重新组合。它的特点是放大后图像不会失真,和分辨率无关,因此广泛适用于图形设计、文字设计、标志设计和版式设计等领域。

1) AI格式

在UI设计中,AI格式通常指的是Adobe Illustrator的源文件格式。Illustrator是一款专业的矢量图形编辑软件,广泛用于UI设计、插图和标志设计等领域。AI格式文件保存了矢量图形的各种元素和编辑信息,如线条、形状、颜色、文字等,不会导致图像质量损失。这种格式的主要优势在于它能够被无损地缩放、修改和编辑图像,保持图像的清晰度和质量。AI文件还可以导出为其他常见图像格式的文件,如JPEG、PNG和SVG,以便在不同的应用程序和设备上使用。作为UI设计师,使用AI格式能够获得更大的灵活性和可编辑性,以满足设计的需求并轻松适应不同的屏幕大小和分辨率。同时,AI格式也支持图层、样式和过滤器等功能,使设计师能够更好地组织和管理项目的元素。因此,在UI设计中,使用AI格式能够提高工作效率,简化设计流程,并确保最终呈现高质量的图像和界面。

2) EPS格式

EPS(encapsulated postScript)是一种常用的图片文件格式,主要用于印刷和图形设计领域。EPS格式是基于PostScript语言的矢量图形格式,可以保存包含文本、矢量图形和位图的复杂图像。相比其他格式,EPS具有一些独特的特点和优势。

首先,EPS格式支持矢量图形的无损缩放,保证图像在不同尺寸和分辨率下的清晰度和质量。这使得EPS格式非常适合在印刷品上使用,因为印刷品通常需要高质量的图像输出。其次,EPS格式支持透明背景和多层结构,可与其他图形应用程序兼容。这使设计师能够在图像中创建复杂的效果和图层组合,更容易进行后续的编辑和修改。此外,EPS格式还能够嵌入字体和颜色配置文件,确保在不同设备上显示一致的色彩和字体效果。这为印刷品的准确呈现起到了关键作用。最后,EPS格式也支持压缩和存储图像的元数据信息,方便管理和共享。总之,EPS格式在印刷和图形设计领域具有重要地位,能够保障图像的质量、可编辑性和兼容性。

3）FLA格式

FLA格式是Adobe Flash的源文件格式,用于创建和编辑Flash动画和多媒体内容。FLA文件包含了图像、动画、音频、视频、文本和脚本等多种元素,以及它们之间的层次结构和交互性。FLA文件是基于矢量图形的,其主要优势在于可以实现高度互动和动画效果。FLA格式允许设计师创建丰富多样的动画,如复杂的转场、过渡效果和交互功能。它支持图层和时间轴的概念,设计师可以在不同的图层上添加元素,并通过时间轴控制它们的出现和动作。FLA格式还支持帧动画、补间动画、形状补间等功能,使设计师能够实现各种绚丽的动画效果。除了动画,FLA格式还可以包含音频和视频元素,使用户可以创建具有声音和影像的多媒体项目。尽管FLA文件只能由Adobe Flash软件打开和编辑,但它可以导出为其他常见的格式,如SWF(Flash动画)和HTML5等,以便在不同的平台上播放和展示。总而言之,FLA格式是一种专业的多媒体制作格式,它为设计师提供了丰富的工具和功能,用于创作交互式和动画丰富的Flash内容。

4）CDR格式

CDR(corel DRAW)格式是CorelDRAW软件的源文件格式,主要用于矢量图形的创建、编辑和保存。CDR文件是一种专业的图形设计格式,广泛应用于平面设计、标志设计、插图、图标和印刷品等领域。CDR格式的主要优势在于它支持矢量图形的创建和编辑。与位图图像不同,矢量图形使用数学表达式和对象来定义图像,因此可以无损地缩放和修改图像,而不会损失图像质量。这使CDR格式非常适合需要高品质输出的设计项目。CDR文件中的图形和元素可以通过层和对象进行管理,使设计师能够轻松地编辑和调整各个部分。此外,CDR格式还支持文字处理、颜色管理、效果和过滤器等功能,为设计师提供了丰富的创作工具。CDR格式还可以导出为其他常用的图像格式,如JPEG、PNG、PDF等,以便在不同的应用程序和平台上使用。总之,CDR格式是一种专业的矢量图形格式,提供了丰富的设计工具和功能,能够满足各种图形设计和印刷制作需求。

5）DWG格式

DWG(drawing)格式是AutoCAD软件的源文件格式,广泛用于计算机辅助设计(CAD)领域。DWG文件是一种专业的矢量图形格式,主要用于保存二维和三维图形的设计和构图。DWG格式的主要优势在于,它提供了广泛的CAD设计功能和工具。设计师可以在DWG文件中创建和编辑各种图形元素,如线条、多边形、弧线、文字和尺寸标注等。此外,DWG格式还支持图层、块和属性等概念,使设计师能够更好地组织和管理设计项目。DWG文件还支持三维建模和渲染,设计师可以在文件中创建和编辑立体的物体和表面,还可以应用材质、光照和阴影效果等。这使DWG格式非常适用于建筑设计、工程绘图和产品设计等领域。除了AutoCAD软件,DWG格式也可以在其他CAD软件中打开和编辑,但可能会存在一些兼容性问题。总而言之,DWG格式是一种广泛使用的专业矢量图形格式,专注于计算机辅助设计领域,提供了丰富的设计和编辑功能,适用于各种图形设计和建筑工程需求。

○ 学习评估

专业能力	评估指标	自测等级
熟知UI设计概念及类别	能够用自己的语言阐述UI设计的概念	□熟练 □一般 □困难
	能够结合案例阐述UI设计各类别的特点及区别	□熟练 □一般 □困难
掌握移动UI设计师各岗位职责	能够结合生活中的案例,清晰阐述UI设计师各个岗位的名称及特点	□熟练 □一般 □困难
了解移动UI设计流程	能够用XMind软件,概括绘制出移动UI设计流程图	□熟练 □一般 □困难
知道移动UI设计各尺寸规范	能够用语言描述英寸、像素、分辨率等的区别	□熟练 □一般 □困难
	能够用语言描述DPI与PPI的区别	□熟练 □一般 □困难
	能够用语言描述逻辑尺寸与物理尺寸的区别	□熟练 □一般 □困难
	能够用语言描述常见图片格式的优缺点	□熟练 □一般 □困难

○ 学习小结

随着时代的发展及人们审美需求的不断提高,UI设计已经在短短数年内跃升为一个新的艺术门类,而不仅仅只是一门技术。相对于其他设计而言,UI设计更注重技术与艺术的结合,被称作是科学的艺术。本章向大家介绍了UI设计的相关理论知识,为后续的实践教学打下坚实的基础。

第 2 章 产品体验设计

随着网络和新技术的发展,人们的工作生活中出现的数字产品越来越多,人们与新产品的交互方式也越来越多,这就需要设计师也越来越重视产品交互的体验设计。好的 UI 设计,可以让产品富有个性,彰显品位,同时也要让用户在使用产品的过程中充分体验到舒适感和操作的便捷性,要让产品符合当代用户对自由和时尚的追求,从而凸显产品的准确定位与自身特点。

学习目标

素养目标:
- 产品设计文化进项目的意识;
- 培养学生协同合作,形成协同化的设计文化。

知识目标:
- 掌握产品体验设计的相关理论知识;
- 熟悉用户研究和分析的相关知识;
- 掌握信息架构知识。

能力目标:
- 具备用户体验的研究能力;
- 培养善于观察和分析用户行为的洞察力。

实训项目	实训目标	建议学时	技能点	重难点	重要程度
项目1 "青游"应用的产品信息架构制作	能够根据竞品分析与用户画像,架构项目产品的信息	4	思维导图	建立产品信息架构的逻辑体系	★★★★☆
			产品竞品分析	对数据的有效组织、分析和计划	★★★★★
			用户需求分析		

产品体验设计即用户体验设计,是以用户为中心,以用户需求为目标而进行的一种设计。用户体验的概念从开发的最早期就开始进入整个产品开发流程,通过构思、实现、测试来创造一个用户友好、具有吸引力的产品,以满足用户的使用需求。产品体验设计不仅注重开发产品的功能和性能,更深入探讨用户对产品的感知、习惯、心理、生活等方面的需求,旨在为用户提供更加易用、富有创意的产品体验。

产品体验设计对企业来说具有重要的意义,它能够提高用户满意度、增强产品竞争力、降低用户学习成本、促进口碑传播和用户推荐,并有效解决用户的问题和需求。只有注重用户体验设计,才能够在激烈的市场竞争中脱颖而出,取得持续的商业成功。

2.1 产品用户体验

用户体验设计就是"以用户为中心的设计",即创造"每件事都按照正确的方式在工作"的用户体验,让用户宾至如归。我们可以围绕"以用户为中心的设计"得出一套产品设计的思维方式,从抽象到具体逐层击破5个层面,包括战略层、范围层、结构层、框架层和表现层,最终达到用户体验设计目的,如图2-1所示。

图 2-1 用户体验的 5 个层面

1. 战略层

关键词:产品目标、用户需求

成功的用户体验确实是建立在明确表达的战略基础上的。了解企业和用户对产品的期望和目标,有助于确立用户体验战略层的各个方面。举例来说,像微信和陌陌这样的应用,它们有着不同的定位,解决了用户不同的需求。微信的定位是熟人社交,而陌陌则专注于陌生人社交。这样的定位差异使它们能够满足不同用户的需求,并提供相应的用户体验。通过明确的战略定位,企业可以更好地满足用户的期望,从而实现优质的用户体验。

2. 范围层

关键词：功能规格、内容需求

可以将范围层理解为产品的功能和特性。当战略目标被确定后，要根据战略目标决定可以为用户提供哪些内容和功能。战略层决定的是要干什么，范围层决定的是怎么干。比如微信的聊天、查看朋友圈、发红包等功能。范围层一般由用户需求决定，而用户需求是对用户调研进行分析和提炼得出的。想象一下，如果一个产品毫无用处，人们还会去下载吗？因此，如何分析和提取用户需求，并将其转化为功能，变得至关重要。

3. 结构层

关键词：信息架构、交互设计

结构层相对于框架层较为抽象，我们可以将结构层理解为产品中的"连接"，也就是对范围层所决定的需求和内容进行整理，使原本零散的部分组合成整体。框架层是对单个页面的结构设计，而结构层则负责将多个页面连接在一起，形成一个完整的系统。以App设计为例，结构层决定了当用户点击页面图标或按钮后，系统会跳转到哪个页面。通过删除、组织、隐藏和转移页面，可以将复杂的结构简化，提升用户体验。比如QQ 5.0的升级采用了汉堡导航和标签的设计，整合了不同功能，使得应用在感觉上更加精简。

4. 框架层

关键词：界面设计、导航设计和信息设计

框架层位于表现层之下，体现了页面的结构和布局，是结构层的"骨架"。结构层决定了设计以何种方式运行，框架层则界定了设计以何种功能和形式实现。好的设计应该在用户需要的时候恰好呈现出来。页面布局应符合用户的习惯，例如，将重要信息放置在最佳视域内(在偏离视觉中心的情况下，人眼对左上角的观察效率最高，其次是右上角、左下角，而对右下角的观察效率最低)。因此，左上角和上中部被称为"最佳视觉区域"。例如，假设一个新建的小区周围有一大片草坪，设计师没有急着修建道路，而是等待一段时间。随着人们在草坪上踩出一条条小路，设计师可以根据这些路径进行道路的修建。这个例子很好地体现了以用户为中心的设计思想。

5. 表现层

关键词：视觉设计

表现层是最直观的，是关于感知的设计，是用户体验的第一站，它决定了设计最终以何种方式、何种形态被用户的感觉器官所感知到。例如，打开一款App，映入眼帘的首先是色彩、图标、文字等视觉设计元素，这些信息往往会给用户留下第一印象，它是公益类的还是非公益类的？是服务性质的还是商业性质的？设计师往往也是通过形状的大小、颜色的深浅、字体的大小等因素来影响用户感知，引导用户交互使用，达到优质的用户体验目的。

人类有五感，即嗅觉、味觉、触觉、听觉和视觉。研究表明，人类在通过感知获取认知的过程中，视觉约占85%，听觉约占11%，嗅觉、味觉和触觉总共只占3%～4%。可见，在表现层中,视觉设计起着举足轻重的作用,但要注意的是,视觉设计是由表现层下面的4个层所决定的,是它们的具象表达。

战略层、范围层、结构层、框架层、表现层这5个层提供了一个基本的架构,设计师需要在这个基础的架构之上讨论用户体验。在每一个层面上,我们处理的问题有的抽象,有的具体。

在最底层,完全不需要考虑产品的外观、性能等,而最顶层则需要详细呈现产品的每一个环节。随着层次的上升,人们需要做出更具体的决策,并且涉及越来越多的细节。

这些层面是相互依存的,每个层面的决策都是基于下层的决策而做出的。因此,表现层的设计由框架层决定,框架层的设计由结构层决定,结构层的设计由范围层决定,而范围层的设计则由战略层决定。这种层层依赖的关系意味着决策具有自下而上的连锁效应。也就是说,每个层面上可用的选择都受到下层所得出结论的约束。

在产品设计过程中,确保不同层面之间的一致性至关重要。只有当各个层面的决策相互匹配并协调一致时,才能得到最理想的结果。因此,合理的层次关系和决策流程是确保产品成功的重要因素之一。

2.2 认识思维导图

在工作和学习的过程中,人们都希望能够借助某种工具提高自身记忆和记录信息的能力。思维导图的放射性结构能够使大脑思维得到快速发散,让思维在纸上快速呈现,这种实用的思维工具能让人们最大限度地利用自己潜在的智力资源。

思维导图又被称为心智图、树状图等,是用来表达发散性思维的有效图形思维工具。思维导图可将人们的思路、知识、灵感等大脑思维活动过程以有序化、结构化的方式模拟出来,从而达到可视化的效果。

在UI的用户体验和交互设计中,思维导图多用于架构产品信息的展示,以及使用需求和设计需求的创建,有序而结构化地搭建了设计中的逻辑关系,使产品表达一目了然。

2.2.1 思维导图构成的要素

在学习绘制思维导图之前,首先要了解思维导图是由哪些要素构成的。思维导图主要由6个要素构成:中心主题、分支主题、关联线、关键词、配色和配图。

1. 中心主题

中心主题就是思维导图的主题思想和核心内容,一张思维导图只有一个中心主题,整个思维导图都是围绕中心主题展开的。中心主题的设计要重点突出,便于阅读和调动大脑思维。

2. 分支主题

分支主题用于说明中心主题内容或者作为论点支撑中心主题，因此分支主题是从中心主题发散出来的。分支主题有等级之分，如一级分支主题、二级分支主题、三级分支主题、四级分支主题等。一级分支主题就是从中心主题发散出来的，二级分支主题则是从一级分支主题发散出来的，以此类推。所以一级分支主题的重要性高于二级分支主题、三级分支主题等。为了突出一级分支主题部分，通常会对一级分支主题做强调设计，如加粗字体或者加框。

3. 关联线

关联线就是联系各分支的线，主要有四种类型，分别是连接线、关系线、外框、概括线。

（1）连接线是连接不同分支主题之间的线，通过不同的颜色可以体现各层级之间的关系。

（2）关系线用于连接两个主题，建立某种关联。假设这个分支主题跟这边的主题有关联，就可以通过新建关系线并做注释的方式，表明二者之间存在关联。

（3）外框主要用于强调框里的内容，一般用得比较少。

（4）概括线起到对内容进行概括和总结的作用。常用的小括号、中括号、大括号都属于概括线。

4. 关键词

关键词就是每个分支主题上的内容。在绘制思维导图时，要使用概括性词语来总结。简洁的词语会给人留下更多的思维发散空间，如果过多地使用短句或者修饰语，反而会限制人们的思路。

5. 配色

色彩越丰富，视觉冲击力越强，越容易加深记忆，不同分支主题之间的配色要注意区分好层级关系。关于思维导图的配色，可以参考一些配色网站。

6. 配图

配图是为了更生动、形象地说明关键词，一幅好的配图可以省掉很多文字。需要注意的是，在寻找思维导图的配图时，要寻找高清大图，不能有水印，否则会降低思维导图的品质。

2.2.2　认识 XMind

XMind 是一款知名的思维导图软件，可以帮助用户方便地创建和分享各种思维导图和项目规划等。它具备简单易用、功能强大、图形多样化、能进行高效的组织管理和输出等特点，支持多平台使用，如 Windows、macOS、Linux 等。

通过 XMind，用户可以轻松地创建各种类型的思维导图，包括会议议程、项目计划、SWOT 分析、组织结构图等。它还提供了多个主题和模板供用户使用，用户可以根据需要自定义各种样式和布局。同时，XMind 还支持导出多种文件格式，可以方便地与其他用户进行分享和协作。

本章实训项目1"青游"应用的产品信息架构制作，就可以借助XMind软件进行项目结构的梳理与分析。图2-2所示为XMind软件的启动界面。

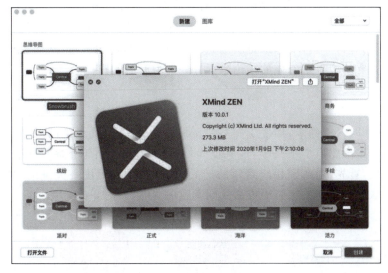

图2-2　XMind软件启动界面

2.3　竞品分析

竞品分析中的竞品指的是竞争产品，即竞争对手的产品，因此竞品分析顾名思义，就是对竞争对手的产品进行比较分析。

在移动互联网完全覆盖人们生活的大环境下，移动互联网产品的竞争也日趋激烈。如何让自家的产品尽可能成为行业中最好的产品？要做到这一点，最有效的方法之一就是进行竞品分析。竞品分析可以帮助分析竞争对手的策略、他做了哪些工作、哪些没有做以及哪些是能够改善的地方，然后得出相应的结论并运用到自家产品之中，使产品更加符合市场需求和用户需求，让用户在诸多产品中能选择到自家的产品，提高产品的竞争力。

竞品分析的用途与覆盖面非常广阔，大到初创公司的行业分析，小到午饭的餐馆选择，都可能用到竞品分析。因此必须结合最终目标，从自身角度出发去做竞品分析。

首先要找到相关竞品（直接竞品/间接竞品/关联性竞品），进行多角度多维度的分析，并从中得出相关结论来指导设计。其中，得出结论是竞品分析的核心所在，也是设计中的指路明灯。如果做了一堆数据收集、界面收集，但没有得出相关结论，那这个竞品分析就是在做无用功。因此，在竞品分析中一定要根据所分析的点，从客观和主观两方面进行总结，得出相关结论。

那么，应该怎么去做竞品分析呢？要注意以下几点。

1. 明确竞品分析目标

做任何事情都不应该漫无目的,商业产品要有相应的业务目标,用户使用产品会有用户目标,设计有设计目标,竞品分析同样也有对应的竞品分析目标。

同时,竞品分析不可能每次都是大而全的,有可能是针对某个功能模块、某一条体验路径进行深入的分析。所以,这也是明确竞品分析目标的目的所在,从而更加明确要做怎样的竞品分析,要从中得出怎样的结论来更好地助力产品的设计。

2. 寻找合适的竞品

移动互联网时代的到来,催生了一系列互联网产品,各个赛道上的产品呈现井喷式发展,各个赛道也逐渐跑出了领头羊,这就使人们在选择竞品时有了参照标准,有利于找到更匹配的竞品。首先,要找到相应赛道的产品,具体可以采用核心关键词搜索法、核心功能转变法、关联思维转变法这三种方法找到大致的竞品,如图2-3所示。

图2-3 寻找竞品的三种方法

在找到竞品之后,要区分竞品的类型,即上面所提到的直接竞品、间接竞品和关联性竞品。对待不同类型的竞品有不同的分析策略。直接竞品是指与自身产品在战略层高度一致的产品,对于这类竞品,需要持续跟进;间接竞品是指与自身产品功能相似的产品,对于这类竞品,需定期关注和及时跟进大版本改版;关联性竞品是指与自身产品在体验层相似的或在体验层上是行业标杆的产品,对于这类竞品,只需定期梳理即可,如图2-4所示。

图2-4 不同竞品的不同分析策略

同时，要注意根据实际情况来选择竞品的数量，一般来说，所有选取到的直接竞品都需要纳入分析行列，但在人力不足的情况下，选取行业排名最高的产品，尽可能不少于两个。间接竞品和关联性竞品在人力充足的情况下，可选取两个左右，在人力不足的情况下，可各选一个进行分析，如图 2-5 所示。

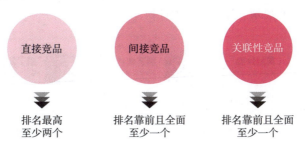

图 2-5　不同竞品的不同数量匹配

3. 从战略层面进行竞品分析

战略层面的竞品分析会从公司背景、产品定位、产品价值、目标人群、商业目标、商业价值等多个方面进行分析，宏观且偏向于商业规划。对设计来说，只需选取其中一些对设计有所帮助的维度，比如产品定位、产品价值、目标人群，进行分析即可。

4. 从功能层面进行竞品分析

功能层面的分析会与设计有较多的交集（特别是交互模块），要求要在对产品的战略层面有一定了解的前提下进行分析。要特别留意竞品间的功能差异在哪里、根据这些差异做了哪些功能模块、产出什么样的内容、使用的是怎样的运营方式等，对这些内容进行对比分析，再结合自身产品，研究该功能是否适合，是否有优化空间等。

功能层面的竞品分析大致可以通过功能架构梳理法、产品迭代分析法、产品功能对比法等三个方面进行。

（1）功能架构梳理法：体验并覆盖整个产品范围，梳理产品的功能架构，绘制功能架构图，对比竞品间的功能划分和布局方式。

（2）产品迭代分析法：收集竞品各个版本的迭代内容（直接竞品每个版本的更新都需收集，间接竞品的大版本更新时需要收集，关联性竞品则可定期收集或在版本更新时进行收集），从中获取产品迭代的功能内容、功能方向、设计演变等。

收集与记录竞品的迭代内容是直接有效地了解竞品战略层方向的一种方式，也是产品间相互借鉴、不断进步的方式。如果自己的产品非头部产品，那么可以从头部产品身上获得大致的功能迭代策略与迭代方向。如果自己的产品已经是头部产品，也可以从竞品身上获得创新方向，用于自身迭代规划。例如，目前需要做一款旅行应用产品，那么势必要去关注携程、飞猪、去哪儿等产品的迭代经历，从中分析出价值点和迭代思路，并结合实际运用到自身产品上。

（3）产品功能对比法：产品功能对比法是更加具象的，能够更加具体地将竞品间的功能罗列出来，对比某个功能在竞品上的共有率，从而获知在同类型产品中，哪些功能是必备的，哪些是可以延期的，哪些是没有必要的。

简单理解就是,可以将功能看作产品的零部件,像买车时一样,某些配置是可以选择要或者不要的。例如,如果需要对比外卖类产品的功能,可以将主要的界面功能拉出来进行对比,有的打钩(YES),没有的打叉(NO)。这样可以清晰直观地看到同类型产品的核心功能是什么,某个产品的特色功能是什么。同时可以知道产品功能的优点和缺点,以便更好地制定产品的功能规划。案例如图 2-6 所示。

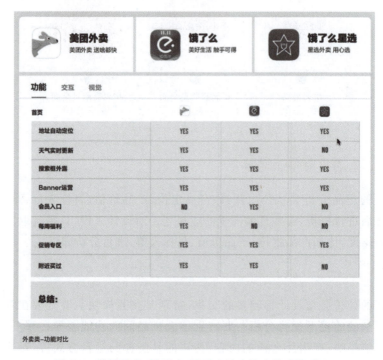

图 2-6　美团外卖、饿了么、饿了么星选的产品功能对比

5. 从体验层面进行竞品分析

体验层面的竞品分析是整个竞品分析流程中,与 UI 设计最息息相关的模块,因此也是需要重点分析的模块。需要分析页面的信息结构、界面布局、交互方式、视觉表现等。

在做体验层面的竞品分析时,大致可以从三个方向入手,即视觉层面、交互层面和情感层面。再对每个层面的内容进行细化分析,得出一份完整的体验层分析报告。

(1)体验层的视觉层面分析:视觉层面的分析是早期设计师在竞品上做得最多的分析,由此可见,视觉层面这一模块的分析尤为重要,对设计有最直接、最直观的指导意义。我们可以从竞品的截图收集中,提取竞品的视觉元素、通用组件和表现手法等。

具体的操作方式是从截图中提取竞品的颜色规范、字体规范、图标规范、通用组件规范、按钮规范、浮窗弹层规范、图片使用规范、列表样式规范、视觉风格等。最终,将以上内容整合输出,用作自身产品规范制作的参考。

在整个分析流程中,视觉层面的竞品分析是 UI 设计可直接借鉴的分析模块,因此需要花费更多时间在竞品的颜色、字体、图标、版式、风格等上面做好分析,并且将每项分析的结论单独列举出来,以便作为后续设计的参考依据。

（2）体验层的交互层面分析：交互层面的竞品分析不仅能使相关人员快速熟悉竞品，了解竞品的用户体验路径和页面跳转逻辑，还能快速发现竞品的交互设计亮点与可优化之处。将以上两点总结输出，辅助自身产品设计，借鉴其亮点之处，避开其可优化之处，从而达到以优于同类型产品的交互体验提升用户体验的目的。

（3）体验层的情感层面分析：情感化设计包含了多个方面的内容，可以从视觉、交互及思维三个维度进行设计。因此在情感层面的竞品分析时，也可以从视觉、交互、思维三个方面进行分析总结，提取竞品中有意思的情感化设计。

同时，用户的反馈也是了解用户情感的重要途径之一，因此收集用户反馈并加以整合分析，可以从中得出用户对产品的看法，从而验证产品设计是否符合预期或规划产品设计的方向。用户反馈可以通过调查问卷、定期焦点访谈、微博、贴吧、应用商店等方式获得。

根据不同的业务需求，竞品分析的侧重点不同，分析方法也有很多，但要明确的一点是，所有分析必须有总结报告，切忌漫无目的地做为了分析而分析的无用功。

总之，竞品分析的存在是非常有价值的。将竞品分析环节放在产品设计之前，可以捕捉商业机遇与设计灵感，节省方案设计与时间成本。设计之中，竞品分析的价值在于设计方案的借鉴与设计产出的比对。设计之后，它的价值在于使产品在市场变化中得到动态监控，帮助验证设计方案并开辟迭代方向。

通过对竞争对手产品的分析，设计师可以较全面地了解市场状态和用户需求，并培养更好的设计理念和创意，更好地满足用户需求，以提高产品的竞争力。

2.4 用户需求分析

产品立项后的第一阶段是需求分析阶段，当拿到一个新的需求时，首先要了解的就是产品的需求是什么，了解市场背景、产品定位、概念、客户的需求是什么。

一般来说，需求分为三类：全新产品、现有产品新增功能、产品改版。

在前期分析阶段中，需求方主要是与产品经理进行沟通，产出的需求文档主要有以下三种。

（1）BRD（business requirement document）文档：商业需求文档，基于商业目标或价值所描述的产品需求内容文档（报告）。

（2）MRD（market requirement document）文档：市场需求文档，该文档在产品项目过程中属于"过程性"文档，是由产品经理或者市场经理编写的一个产品说明需求文档。

（3）PRD（product requirement document）文档：产品需求文档，该文档是将 BRD 文档和 MRD 文档用更加专业的语言进行描述，由产品经理完成。

三种用户需求文档的重点突出内容和用途如表 2-1 所示。

有了数据参考来源，就可以从用户、市场、功能、用户界面、性能、可用性、用户反馈这7 个维度逐一进行分析。

表 2-1　三种用户需求文档的重点突出内容和用途

类型	重点突出	用　　途
BRD 文档	项目背景（产品介绍）、市场分析、团队、产品路线、财务计划、竞争对手分析等	主要面向项目立项、用户公司的发展，需要对产品前景进行展望以及对要消耗的资源进行权衡
MRD 文档	目标市场分析（目标、规模、特征、趋势） 目标用户分析（用户描述、用户使用场景、用户分类统计、核心用户、用户分类分析、竞争对手分析、产品需求概况）	面向市场，这里要重点去分析产品如何在市场上短期、中期、长期生存，以及核心用户的需求是什么等
PRD 文档	详细功能说明（功能清单、优先级、功能目的、功能详细说明） 业务流程（业务流程、用例） 业务规则、界面原型（界面流程、界面原型） 数据要求（输入输出、极限范围、数据格式等）	主要面向团队开发人员、设计、研发工程师、运营人员等，需要更加详细地阐述所有功能

1. 用户需求分析

（1）用户画像主要包括如下两类。

显性画像：即用户群体的可视化特征描述，如目标用户的年龄、性别、职业、地域、兴趣爱好等特征。

隐性画像：用户内在的深层次特征描述，包含用户的产品使用目的、用户偏好、用户需求、产品的使用场景、产品的使用频次等。

（2）用户目标：也就是使用 App 的用户，想要实现什么目标。

（3）用户痛点：用户为什么会选择当前这款 App，当前用户想要实现目标的痛点是什么。

2. 市场需求分析

（1）市场导向：当前的行业、市场的导向是怎样的，当前行业的发展前景如何、市场体量如何等。

（2）竞品分析：分析竞争对手的功能和优势，寻找差异化的发展方向，这里不仅需要分析发展得好的竞争对手，也可以找没有发展起来的那些，分析他们失败的原因，用于规避。

3. 功能需求分析

这需要根据 App 属性来确定不同的核心功能，不能一概而论。

4. 用户界面需求分析

（1）简洁易用：这一点其实也要看产品的定位，如果是娱乐类 App，用户界面花哨一点也可以，像商务型 App，界面设计要简单直观，不要过度装饰，确保用户容易上手使用。

（2）定制化：允许用户根据个人喜好调整界面颜色和排列方式等。

5. 性能需求分析

性能需求需要和技术去沟通和确定，包括如下方面。

(1) 响应速度:保证在不同网络环境下,App 的响应速度一般不超过 1 秒,以确保用户的流畅体验。

(2) 硬件配置:要考虑自己的用户量,需要支持多少用户,以及用户的硬件配置。

(3) 数据安全:用户的账号数据需要进行加密存储,确保用户数据不被泄露。

6. 可用性需求分析

(1) 跨平台支持:支持 iOS 和 Android 双平台,满足不同用户设备的需求。

(2) 自适应尺寸支持:支持不同尺寸的手机登录,这样用户的体验就会很好。

(3) 多语言支持:提供中英文切换功能,以适应不同地区用户的使用习惯。

(4) 其他对接:如对接微信、支付宝等,可以调用第三方接口,实现分享功能,也可以实现第三方账号登录等。

7. 用户反馈需求分析

这项工作可以放在后面,可以在 App 上加反馈功能,从而定期收集用户的意见和反馈,不断优化产品,满足用户的需求。

2.5 产品信息架构

产品信息架构是产品呈现的信息层次,通俗来讲就是一个产品可以用来做什么。以目前开发的"青游"App 为例,对于这款软件,它的信息结构围绕红色旅游、历史文化旅游、绿色环保旅游和"特种兵"式旅游展开。对于红色旅游,它可以分为红色圣地游和乡村振兴游;对于历史文化旅游,它又可以分为名胜古迹游和非遗文化游等。

信息架构设计是为了从最根本上决定一款产品可以解决什么问题、由哪些部分组成、它们之间的逻辑关系是什么。表达信息结构最好的方法是使用思维导图,可以使用 XMind 等思维导图软件。

它是界面设计的基础,因为它直接影响用户对产品的理解和使用体验。

2.5.1 产品信息架构因素

在进行产品信息架构设计时,需要考虑以下几个关键因素。

1. 用户需求

了解目标用户的需求和期望,这有助于确定哪些信息对他们来说是最重要的,以及如何组织这些信息。

2. 信息分类

将产品的信息内容按相关性和相似性进行分类。这可以帮助用户更容易地找到他们想要的信息,并提供一个符合逻辑且一致的结构。

3. 导航设计

设计一个清晰的导航系统,使用户能够快速浏览和访问各个信息分类。导航应该是直观的,并且在整个界面中保持一致。

4. 信息层次结构

确定信息的层次结构,即什么信息是主要的,什么信息是次要的。这可以通过使用标题、子标题、段落和列表等方式实现。

5. 可视化呈现

选择合适的图形、组织、分类和呈现信息,可以提升用户体验并增强产品的价值。通过合理组织图表和其他可视化元素,增强信息的可理解性和吸引力。这可以帮助用户更快速地理解关键信息。

总的来说,产品信息架构设计是为了提供一个易于理解和使用的界面,使用户能够快速获取所需的信息。

2.5.2　产品信息架构的设计原则

将信息架构抽离出来,其实包括了组织体系、展示形式和操作体验三个环节。相应的也会有以下三个设计原则。

1. 延展性原则

产品是不断成长迭代的,信息架构需要具有兼容性和弹性,可以适应多个层级的扩展或精简,保证一定迭代周期内的架构稳定。频繁变动的信息架构必然会导致产品的研发成本提高,并且增加用户的学习成本。

2. 易学性原则

信息架构需要有一套准确的分类标准,能够指导后续架构的优化迭代,也可以便于用户理解和学习。易学性可以细分为逻辑性和一致性两个方面。逻辑性体现在信息之间的关联关系上,目的是实现用户链路的准确、高效。一致性体现在分类方式、分类结构等方面,便于用户认知。

3. 易用性原则

信息架构的广度和深度在一定程度上决定了操作体验。设计时要做好信息架构的平衡,避免只是从业务角度出发,出现十几个一级导航菜单并存的局面。

信息架构是个复杂的系统,并不是设计师个人的工作,也不应该从零开始构建。信息架构是在产品功能架构或者产品规格清单的基础上,从用户需求和场景出发,梳理出来的符合用户体验逻辑的产品骨架。

信息架构直接决定了后续产品设计的组织脉络,因此准确有效的信息架构是产品战略落地过程中重要的一环。设计师需要拥有相关的知识和能力,才能在设计工作中产出合理的设计方案。

○ 任务实训

实训项目 1 "青游"App 产品信息架构制作

实训项目 1 任务工单.pdf　　教学视频.mp4

根据产品的竞品分析和用户画像,明确了应用的目标和用户的需求与期望,了解了目标用户的特点、行为和目标。根据应用的目标和用户需求,对 App 开发内容进行信息分类和组织。

实施步骤及方法

(1) 根据团队调研的竞品分析数据和用户画像的呈现,讨论生成"青游"App 开发的信息架构草图,如图 2-7 所示。

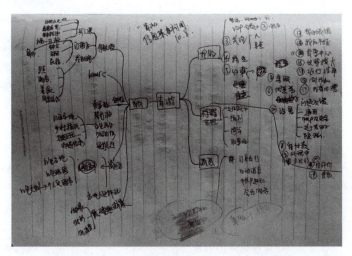

图 2-7 "青游"应用的产品信息架构草图

(2) 打开 XMind 软件,建立空白图,选择一个自己喜欢的主题样式,对草图内容进行精细化录入,如图 2-8 所示。

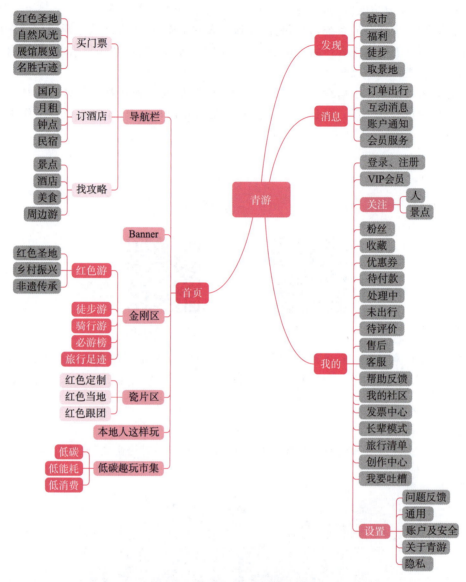

图 2-8 "青游"App 产品信息架构

学习评估

专业能力	评估指标	自测等级
熟知用户体验的五个层面	能够清晰描述五个层面的顺序、作用及它们的逻辑关系	□熟练 □一般 □困难
知道思维导图	知道思维导图的重要作用	□熟练 □一般 □困难
	能够熟练使用思维导图软件	□熟练 □一般 □困难
掌握竞品分析的办法	能够输出竞品分析报告	□熟练 □一般 □困难

续表

专 业 能 力	评 估 指 标	自测等级
掌握用户需求分析办法	能够按照需求文档绘制产品的用户画像	□熟练 □一般 □困难
分析产品信息架构	能够说出产品信息架构的重要作用	□熟练 □一般 □困难
	能够分析任意一款 App 应用产品的信息架构	□熟练 □一般 □困难
	能够有效搭建当前项目产品的信息架构	□熟练 □一般 □困难

○ 学习小结

○ 拓展训练

一、单选题

1. 用户体验的五个层面,从下到上依次是（　　）。
   A. 表现层、结构层、框架层、范围层、战略层
   B. 表现层、框架层、结构层、范围层、战略层
   C. 战略层、范围层、结构层、框架层、表现层
   D. 结构层、框架层、战略层、范围层、表现层

2. 交互设计和信息架构属于用户体验的（　　）的设计。
   A. 表现层　　B. 结构层　　C. 框架层　　D. 范围层

3. 思维导图又称思维导图、心智图、树状图等,是用来表达发散性思维的有效（　　）工具。
   A. 图片思维　　B. 艺术思维　　C. 图形思维　　D. 脑思维

4. （　　）就是思维导图的主题思想和核心内容。
   A. 分支　　B. 分支主题　　C. 中心主题　　D. 中心

5. （　　）是中心主题分散出来的。
   A. 分支主题　　B. 一级分支　　C. 各级分支　　D. 分支线

二、多选题

1. 在产品的竞品分析中,我们应该注意（　　）。
   A. 明确竞品分析目标

B. 寻找合适的竞品

C. 从战略层面进行竞品分析

D. 从功能层面进行竞品分析

E. 从体验层面进行竞品分析

2. 信息架构的设计原则,有（　　）。

　　A. 延展性　　　B. 易学性　　　C. 易用性　　　D. 统一性

3. 思维导图的六个要素中,除了配色和配图,还包括（　　）。

　　A. 中心主题　　B. 分支主题　　C. 关联线

　　D. 概括线　　　E. 关键词　　　F. 连接线

三、动手实践

使用思维导图分析两款旅游类 App 的产品结构。

选择两款同类型的 App,如携程和飞猪,用思维导图分析它们的产品结构,并对比差异,分析优劣。

需要的核心知识点:思维导图的使用方法、竞品分析方法。

作业要求:

（1）App 产品可以自选;

（2）思维导图的层级结构要清晰;

（3）文字表达要准确;

（4）以个人为单位进行提交;

（5）用 Word 文档给出分析报告。

第 3 章　产品交互设计

在当下的数字化时代，UI 设计的重要性日益凸显。随着移动应用、网站和软件的普及，用户对于简洁、直观和愉悦的界面体验的需求也在不断提高。而这些需求的实现，离不开 UI 产品交互设计的精心策划和精细打磨。

UI 产品交互设计是一个不断发展和演进的领域，它不仅关乎技术和美学，还涉及人类认知和心理习惯等方面。希望通过本章的学习，读者可以更加深入地了解并善用这些设计原则，为用户创造出更优秀、更智能、更人性化的界面体验。让我们一起踏上这个奇妙的设计旅程，共同探索 UI 产品交互设计的魅力和无限可能性。

学习目标

素养目标：
- 培养团队协作、沟通能力；
- 培养学生理性思考和创造性思维技巧。

知识目标：
- 熟练掌握产品交互设计工具；
- 精通信息架构和功能流程设计；
- 掌握交互原型图绘制办法；
- 掌握页面跳转、交互动效的制作办法。

能力目标：
- 具备分析数据结果的能力；
- 具备解读用户体验设计思想和策略的能力。

实训项目	实训目标	建议学时	技能点	重难点	重要程度
项目2 "青游"App登录流程图绘制	能够利用流程图工具展现产品的流程	4	流程图绘制的基本符号	能够精准记忆流程符号含义	★★★★☆
			流程图的基本结构	通过图表的形式展示产品开发流程和层级关系	★★★★★
项目3 "青游"App登录页原型图制作	能够灵活运用原型图软件绘制各个原型	4	Axure软件的基本操作与使用	能够规范使用原型图元件或组件	★★★☆☆
				能够按照产品信息架构和用户需求搭建符合视觉层次的版式	★★★★☆
项目4 "青游"App登录页面跳转动效制作	熟悉掌握交互软件(Axure)中交互事件的操作逻辑	4	Axure软件的交互操作与使用	Axure"用例编辑器"的操作使用	★★★★☆
				Axure"获得焦点"与"失去焦点"的交互事件设置	★★★★★

交互设计从广义上讲是一门多学科交叉的、需要多领域、多背景专业人士参与的新兴学科。与传统设计学科不同,交互设计以用户为中心,研究某些人在特定的场景下与不同设备产生行为的交互过程。从狭义上讲,交互设计是指在UI设计过程中,通过原型工具(Axure、Sketch、墨刀、Adobe XD或Figma)创建一个该产品的交互模型,为设计师和客户提供一种能够呈现真实UI操作布局和功能的示意性设计方案。

交互设计的概念最早源于20世纪初出现的工业设计,工业设计者在进行设计时,不仅要考虑产品的物理属性(外形、颜色、材质、音效等),还要考虑产品使用者的心理因素。这种形式被设计师们命名为"软面"(soft face),后来被更名为"交互设计"。

20世纪90年代后,设计逐步从界面拓展开来,强调计算机与人的反馈的交互作用,"人机界面"一词被"人机交互"所取代。交互设计逐步进入大众视线,成为设计领域不可或缺的一部分。

3.1 产品设计原则

App产品设计不仅需要吸引用户的眼球,同时也需要提供精准、有效的用户体验。有以下几个重要的原则需要考虑。

(1)用户导向性:将用户体验置于设计的核心,了解用户的需求和行为,并根据这些信息来指导设计决策。确保界面布局、功能设计和交互方式都符合用户的期望和习惯,提供简洁、易用和符合直觉的用户界面。

(2)一致性和可识别性:在整个App中使设计元素保持一致,包括颜色、图标、排版和交互方式等。这有助于用户快速识别和理解界面的功能和意图,提供统一的视觉风格和操作逻辑,增强用户的可识别性和可操作性。

(3) 简洁明了:避免界面的冗余和复杂性,保持设计的简洁性和直观性。减少操作步骤和界面元素的数量,提供清晰的布局和有序的信息结构,以提升用户的操作效率和理解能力。

(4) 可用性和易学性:确保 App 的功能和交互方式易于理解和使用。提供明确的标签和指导,合理组织和呈现信息,为用户提供即时反馈和帮助。减少学习成本和错误操作的可能性,让新用户能够快速上手并且获得愉悦的使用体验。

(5) 可访问性:考虑到不同用户的需求和能力,设计一个对残障人士友好的 App 界面。提供可放大、可调整字体大小、语音提示等功能,以确保用户无论是在视觉、听觉还是行动方面都能够轻松使用 App。

(6) 感情连接:通过使用贴近用户情感和价值观的视觉元素、用语和故事情节,建立用户与 App 之间的情感连接。让用户觉得与 App 有共鸣,并且有意愿持续使用和推荐。

(7) 反馈与确认:在用户与 App 进行交互时,及时给予反馈和确认,让用户知道他们的操作是否成功或正在进行中。使用合适的动画、提示消息、进度指示等方式来向用户传达信息,以减少用户的不确定感和焦虑感。

(8) 可扩展性和灵活性:设计 App 时要考虑未来的需求变化和功能扩展的可能性。提供灵活的布局和组织结构,以便将来可以方便地添加新功能或进行调整。同时也要考虑不同设备和屏幕尺寸的适配问题,确保 App 在不同平台上都能正常运行和展示。

(9) 安全和隐私保护:在设计 App 时,要充分考虑用户的数据安全和隐私保护。采取必要的措施来防止信息泄露和未经授权的访问,同时要透明地向用户展示数据的处理方式和隐私政策,让用户感到安心和信任。

(10) 持续优化和改进:设计 App 的工作不仅是一次性的,还需要进行持续的优化和改进。通过跟踪用户行为和反馈,收集用户的意见和需求,及时修复问题,进行功能更新,以提升用户体验和满足用户的期望。

这些原则共同构成了一个综合的 App 产品设计框架,帮助设计师在 UI 界面、交互流程、用户反馈和产品安全等方面做出明智的决策。同时,也需要根据具体的应用场景和目标用户进行相应的调整和优化,确保产品能够真正满足用户的需求和期望。这些原则是设计一个成功的 App 产品的关键要素,它们在提升用户体验、用户满意度和产品的可持续发展性方面都起到了重要作用。

3.2 产品思维策划

产品思维策划是通过对用户需求和行为进行研究和分析,明确产品目标和策略,设计用户体验、界面和交互,并对它们进行持续改进和优化的过程。产品思维策划涉及用户研究、需求分析、信息架构、交互设计、数据分析等方面。主要目的是创造具有创新和差异化的产品,提供符合用户期望的用户体验,并不断优化产品以满足用户需求。通过产品思维策划,可以帮助设计成功的 App 产品,提升用户满意度和产品的可持续发展性。

在 App 产品设计思维策划中,有以下几个要点需要考虑。

(1)用户研究和需求分析:在 App 产品设计之前,进行用户研究和需求调研至关重要。了解目标用户的特点、习惯、需求和痛点,通过观察、访谈、调查等方式收集用户反馈和意见。这有助于明确产品目标,并提供指导性的设计方向。

(2)目标设定和策略规划:根据用户研究和需求分析的结果,明确产品的核心目标和战略规划。确定产品定位、特色和竞争优势,制订清晰的产品愿景和路线图,用于指导后续的设计和开发工作。

(3)信息架构和用户流程设计:根据用户需求和产品目标,进行信息架构和用户流程的设计。合理组织和呈现信息,定义界面的结构和导航,确保用户能够轻松地找到需要的信息和功能,从而提供流畅的用户体验。

(4)交互设计和界面设计:基于用户需求和品牌形象,进行交互设计和界面设计。设计合理的交互方式和顺畅的操作流程,使用户能够轻松理解和掌握产品的功能。同时,注重界面的美感和可识别性,通过视觉元素的布局、颜色和图标等,营造令人愉悦和引人注目的用户界面。

(5)原型制作和测试验证:通过制作交互原型,模拟用户的实际使用场景,进行测试和验证。与用户进行反馈和讨论,识别问题和改进点,并进行相应的调整和优化。这有助于及早发现潜在的问题和改进机会,提升产品的可用性和用户满意度。

(6)数据分析和改进优化:在产品上线后,持续进行数据分析和用户行为监测。根据用户反馈和数据指标,识别用户的痛点和需求,并进行持续的改进和优化。通过不断迭代,提升产品的质量和用户体验。

(7)用户故事和用户旅程:通过用户故事的方式描述用户在使用 App 过程中遇到的问题、需求和期望。同时,绘制用户旅程地图来展示用户在整个 App 使用过程中的情感和行为变化。这有助于更好地理解用户的体验和使用情境,并根据用户旅程来优化产品流程和功能点。

(8)创新和差异化:在设计 App 时,要考虑如何创新,从而与竞争对手区分开来。通过引入独特的功能、运用新颖的交互方式、结合个性化的设计元素等,使产品有别于市场上的其他同类产品,吸引用户的注意力和兴趣。

(9)多平台适配:考虑到用户在手机、平板电脑、智能手表等不同设备上使用 App 的可能性,要确保 App 能够在不同平台和不同屏幕尺寸上进行适当的适配和优化,提供一致且流畅的用户体验。

(10)持续用户参与和迭代:设计一个引人入胜且吸引用户参与的 App 是重要的。通过提供社交化功能、用户个性化定制等方式,鼓励用户主动参与和贡献内容,增强用户黏性和用户群体的互动。同时,持续进行迭代和更新,引入新的功能和改进措施,以保持用户的兴趣和活跃度。

(11)品牌一致性:在 App 产品设计中,要保持与品牌的一致性。将品牌的视觉元素、声音特点和核心价值融入 App 的设计中,使用户能够在使用 App 时感知到品牌的身份和特点,增强品牌的认知和连贯性。

以上是 App 产品设计思维策划的要点。在整个设计过程中,需要保持对用户的关注和理解,以确保产品能够真正满足用户的需求,提供出色的用户体验。同时,也要灵活应对市场变化和用户反馈,不断迭代和优化产品,保持竞争力,实现可持续发展。

3.3 产品流程图

产品流程图是通过图的形式展示产品开发过程中各个环节和流程的关系。它记录了从需求分析到设计、开发、测试、发布等不同阶段的活动和交互,并以不同的图形符号、节点、箭头和文本等元素表示各个环节的顺序和依赖关系,将逻辑关系以图形化的形式呈现出来,如图3-1所示。

通过可视化的产品流程图表达,可以清楚地展现产品开发的整体脉络和流程。在设计过程中,当交互设计师忘记某个流程时,可以对照查看,查漏补缺。一个产品在迭代更新时,也可以利用流程图做记录,通过对比每个版本的流程图,产品在哪些地方进行了优化就一目了然了。这能够极大地帮助团队成员之间进行协作和沟通,并指导项目的实施和管理,以保证产品开发按计划顺利进行。

在App产品设计中,无论是产品经理、交互设计师还是开发人员,都经常会接触各种类型的流程图。

流程图的基本构成元素是一个个符号,每个符号都有着特定的含义,只有牢记这些符号的含义,才能在流程图中正确应用。具体符号的含义如表3-1所示。

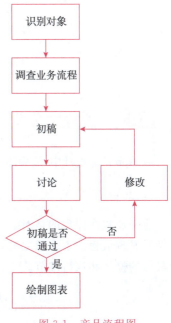

图3-1 产品流程图

表3-1 流程图符号的含义

序号	符号	符号名称	释义
1	⬭	开始和终止符号	椭圆符号,表示一个过程的开始或结束。"开始"或"结束"写在符号内
2	▭	处理符号	矩形符号,表示一个过程、功能、行动、处理等单独的活动步骤,活动的简要说明写在矩形框内
3	◇	判定符号	菱形符号,表示决策或判断,依据一定的判定条件连接不同的路径
4	⤵	流线符号	表示活动步骤在顺序中的进展,流线的箭头表示一个过程的流向
5	⬇	离页连接符号	表示流程在另一页继续。通常情况下,使用页码标注在符号内来简单指引流程去向

续表

序号	符号	符号名称	释　义
6		文档符号	表示流程中输入、输出的表格、报告等各类文档，文档的题目或说明写在符号内
7		多文档符号	多副本的文档符号
8		子流程符号	表示图表中已知或已确定的另一个过程，但未在图表中详细列出
9		泳道符号	表示活动按照职能或角色归类，从而直观描述各活动间的逻辑关系
10		分割符号	表示活动步骤的不同阶段，在流程中做区分使用

3.3.1　流程图分类

在App产品设计中，流程图主要分为三类，分别是业务流程图、任务流程图和页面流程图。

1. 业务流程图

业务流程图体现的是对业务的梳理和总结，有助于产品经理或设计师了解业务流程，并及时发现流程的不合理之处，从而进行优化改进，如图3-2所示。注意，业务流程图不涉及具体的操作和执行细节。

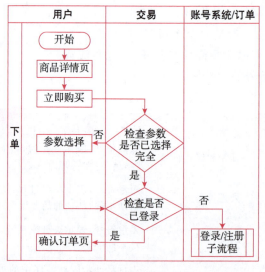

图3-2　业务流程图

2. 任务流程图

任务流程图是用户在执行某个具体任务时的操作流程，如图3-3所示，相对来说，产品经理使用任务流程图会多一些。

3. 页面流程图

页面流程图是指页面元素与页面之间的逻辑跳转关系。通常，交互设计师大多通过页面流程来梳理 App 产品的功能逻辑和交互逻辑，因此使用的比较多。页面流程图如图 3-4 所示。

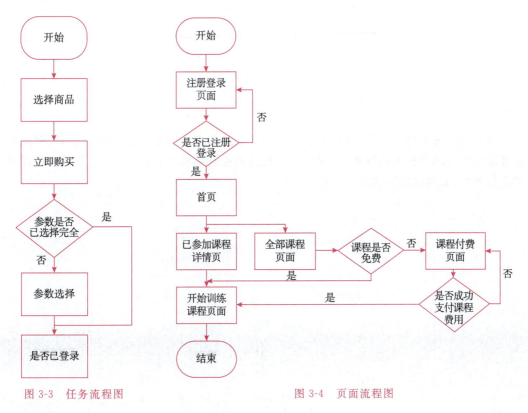

图 3-3　任务流程图　　　　　　　　图 3-4　页面流程图

3.3.2　流程图的三种结构

在开始绘制流程图之前，需要先了解流程图的结构。流程图有三种基本结构：顺序结构、选择结构和循环结构。

1. 顺序结构

这种结构比较简单，各个步骤是按先后顺序执行的，即完成上一个指定的任务后才能进行下一步操作，如图 3-5 所示。

2. 选择结构

选择结构又被称为分支结构，用于判断给定的条件，根据判断结构得出控制程序的流程,如图 3-6 所示。

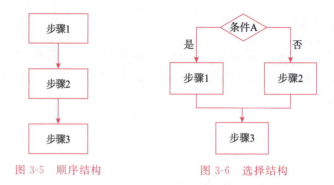

图 3-5　顺序结构　　　　　图 3-6　选择结构

3. 循环结构

循环结构又被称为重复结构,为在程序中反复执行某个功能而设置的一种程序结构。循环结构又可以细分为两种形式:先判断后执行的循环结构(当型结构),先执行后判断的循环结构(直到型结构),如图 3-7 所示。

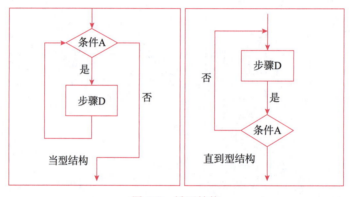

图 3-7　循环结构

产品流程图能够指导团队成员理清产品的整体逻辑和流程,避免混乱和重复工作,是产品设计过程中的重要工具。产品流程图在产品设计和开发中起到了规范、指导和沟通的重要作用。

○ 任务实训

实训项目 2 "青游"App 登录流程图绘制

实训项目 2 任务工单.pdf　　教学视频.mp4

效果展示：如图 3-8 所示。

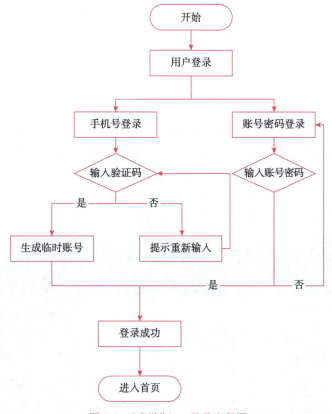

图 3-8 "青游"App 登录流程图

实施步骤及方法

1. 明确设计目标

以产品信息架构为基础，根据业务人员的讲解得到业务流程图的相关信息，或实地考察用户操作，或调查研究竟品的任务流程图的相关信息，得出产品的设计目标，最后通过产品会议规划 App 的功能和步骤，确定产品的整个设计流程。

2. 梳理与提炼

将上一步得到的信息梳理提炼出来，可以把主要的流程图画出来，然后再填补异常流程。可以先在纸上画出登录页流程图的草图，再用流程图工具进行详细绘制。

3. 绘制流程图

UI 设计师可以使用各种流程图工具，如 Axure、Omnigraffle 等软件。简单的流程图可以使用普通的工具，如 PPT 来完成。在绘制流程图时，应遵循从左到右、从上到下的顺序排列。一个流程图从开始符号开始，以结束符号结束。开始符号只能出现一次，结束符号可以出现多次。

在这里，选择 Axure 软件进行登录流程图的绘制。

（1）打开 Axure 软件，看到元件库，默认进入公用（Default）元件库，里面有不同色彩层级的矩形框，如图 3-9 所示。

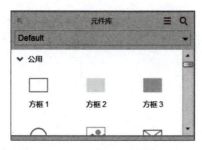

图 3-9　Axure 公用元件库

（2）任选一款矩形框拖入工作区,由于流程图中的图形均具有特殊意义,所以不能随便使用,要参照表 3-1 进行绘制,拖动矩形选框左上角的倒黄色三角,可获得不同程度的圆角矩形,拖到底可获得"开始""结束"图标。单击矩形选框右上角的灰色圆点,则可以延展出元件库里没有展示的流程图的各个图形,读者可以根据需要自行选择,如图 3-10～图 3-12 所示。

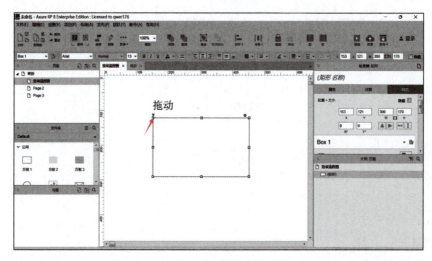

图 3-10　拖动黄色倒三角

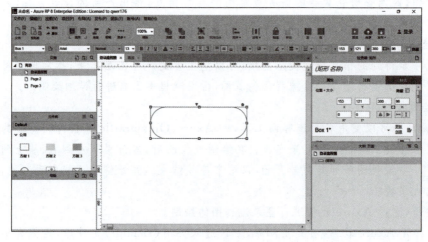

图 3-11　绘制圆角矩形

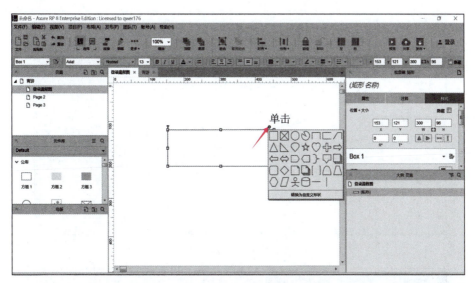

图 3-12　绘制其他图形

（3）根据草图，对照表 3-1 中的流程图符号进行登录页流程图框架的绘制。要注意，在同一流程图内，符号大小需要保持一致。连接线不能交叉，不能无故弯曲。如果内容属于并行关系，则需要放在同一高度位置。处理流程要以单一入口和单一出口绘制，同一路径的指示箭头应该只有一个。在绘制的过程，构图与舒适的比例关系也至关重要。"青游"App 登录流程图符号的搭建如图 3-13 所示。

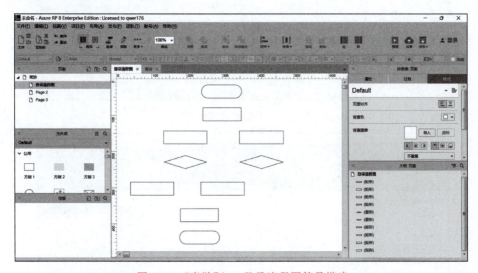

图 3-13　"青游"App 登录流程图符号搭建

（4）开始录入对应符号中的文字，双击流程图符号，即可进入在符号中录入文字的状态，如图 3-14 所示。

（5）绘制流线，单击软件状态栏中的连接按钮，激活连接状态。右侧检查器会显示流线的样式边框，选择前面无箭头、后面有箭头的样式。开始绘制符号间的流线，并用是、否字样进行相应位置的标注。具体的绘制过程如图 3-15～图 3-17 所示。

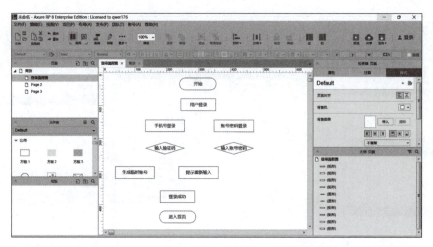

图 3-14 "青游"App 登录流程图文字录入

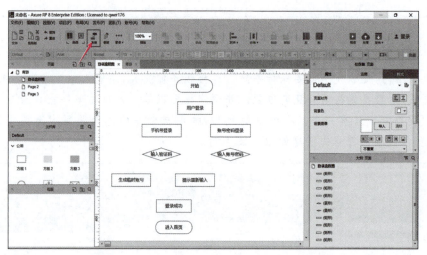

图 3-15 激活连接按钮

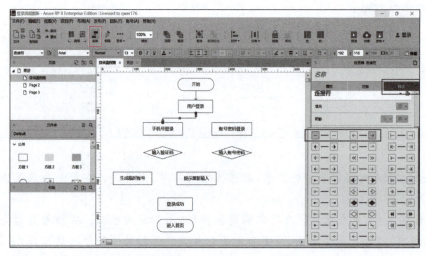

图 3-16 设置流线样式

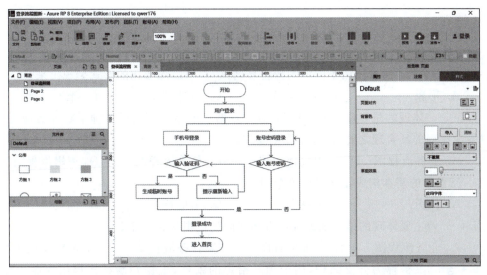

图 3-17 完成流程图的绘制

（6）导出图片，进行反复校对无误后，即可通过菜单文件导出登录页为图像，导出需要的 PNG、JPEG 等图片格式。

○ 学习评估

专业能力	评估指标	自测等级
熟知产品流程图	能够清晰描述流程图的概念及作用	□熟练 □一般 □困难
	能够清晰记忆流程图各符号的含义	□熟练 □一般 □困难
	能够明确流程图的分类	□熟练 □一般 □困难
	能够阐述流程图的三种结构	□熟练 □一般 □困难
掌握产品流程图制作	能够与小组成员研究确定产品信息架构、用户需求等信息，明确产品各流程具体走向	□熟练 □一般 □困难
	能够独立使用相关软件绘制产品流程图	□熟练 □一般 □困难
	熟悉流程图的制作步骤	□熟练 □一般 □困难

○ 学习小结

○ **拓展训练**

一、单选题

1. 流程图是指通过使用不同的图形符号，将（　　）以图形化的形式呈现出来。
   A. 形象　　　　B. 逻辑关系　　　　C. 设计理念　　　　D. 雏形设计
2. （　　）体现的是对业务的梳理和总结，有助于产品经理或设计师了解业务流程，并及时发现流程的不合理之处，以进行优化改进。
   A. 业务流程图　　B. 页面流程图　　C. 任务流程图　　D. 逻辑流程图
3. 流程图的基本构成元素是一个个的（　　）。
   A. 位图　　　　B. 矢量图　　　　C. 图形符号　　　　D. 标记
4. （　　）主要体现的是页面元素与页面之间的逻辑跳转关系。
   A. 业务流程图　　B. 页面流程图　　C. 任务流程图　　D. 逻辑流程图
5. （　　）又被称为分支结构，用于判断给定的条件，根据判断结构得出控制程序的流程。
   A. 顺序结构　　B. 循环结构　　C. 嵌套结构　　D. 选择结构

二、多选题

1. 在App产品设计中，流程图主要分为（　　）三种。
   A. 业务流程图　　B. 页面流程图　　C. 任务流程图　　D. 逻辑流程图
2. 流程图主要有（　　）等结构。
   A. 顺序结构　　B. 循环结构　　C. 嵌套结构　　D. 选择结构

三、动手实践

制作"青游"App其他页面的跳转流程图。

通过小组分析判断，每位组员选择一个跳转页面进行流程分析，绘制草图，小组研讨其利弊，合理与否？给出建议，进行优化，并利用流程图软件实现绘制。

作业要求：

（1）每位组员所选流程图不同；

（2）所使用流程图的符号符合流程图绘制规范；

（3）以个人为单位提交，格式可以是PNG、JPEG图片格式，也可以是PDF格式。

3.4 产品交互原型设计

一个产品从想法、概念到成为现实，制作过程实际上是较为复杂的。所以，如果想做好产品，就要学会将想法做成原型，将产品的服务与功能通过原型图快速地演绎出来，在解释交互功能的同时，得到他人的反馈，降低产品开发过程中出现的错误率，从而有效减轻产品测试后修改和优化的工作压力。重复这个过程对完善设计很有益处。这也是交互设计师、产品设计师和产品经理工作的一个重要部分。

原型图作为原型设计的主要呈现方式之一,通过原型草图、低保真原型图、高保真原型图三种效果呈现,分别通过不同的精细度将产品的内容、布局、功能和交互方式展示出来。它的主要作用是用于产品可用性测试与后续内容的开发。

原型草图:精确度较低的原型,比如用铅笔在纸上画的草图,通常是静态的,内容和视觉效果上的精确度都不高,绘制起来快捷、方便。这样的原型也会让用户把注意力都放在功能和系统的运作机制方面,而不是视觉效果上。

低保真原型图:需要借助软件工具绘制,比如 Visio、Axure、墨刀等软件。制作低保真原型图,可以帮助设计师和团队成员快速将设计理念可视化,并在早期阶段验证和调整设计计方案。

高保真原型图:精确度较高的原型图,会让人觉得它就是最终产品的效果。做这类原型是需要花时间的。目前,利用 MasterGo、Sketch、Figma、Adobe XD 等软件工具,即使不是技术人员也可以做出高保真原型图。虽然这样的原型无法被转化成可使用的代码,但是在后面的可用性测试或者用户训练中也会很有用处。

三种类型原型图的具体呈现样式如图 3-18 所示。

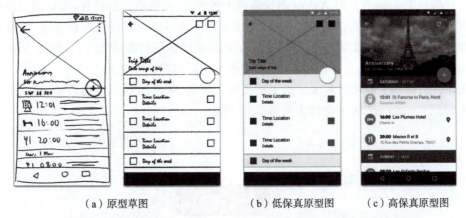

（a）原型草图　　　　（b）低保真原型图　　　　（c）高保真原型图

图 3-18　三种类型原型图

设计一个产品原型,不是为了做出功能完备的系统,完全是出于视觉化目的,看看呈现在用户面前的最终产品的样子。正如谷歌风投(Google Ventures)的设计合伙人丹尼尔·博卡(Daniel Burka)所说:"理想的原型应该是有着'金发姑娘般的质量'。如果质量太差,那没人会相信原型是真的产品。如果质量太好,那你就得没日没夜地干,而且你还做不完。你要的就是'金发姑娘'般的质量,不太好,不太坏,足够好就行了。"

3.4.1　App 产品交互原型设计

产品交互原型是对 UI 设计中关键页面或场景的具体操作流程进行呈现和模拟,并通过可交互的方式来展示用户和应用之间的操作关系,包括页面元素的交互方式和响应规则等详细信息。通过设计交互原型,可以更好地理解产品功能和业务逻辑,更好地解决产品设计和用户体验中的问题,减少设计返工和改造的成本。

在 App 产品的原型设计过程中,需要先在用户画像的基础上绘制原型草图,经过原型的交互演示和评价后,再上机进行原型图绘制,之后在原型图的基础上再制作交互稿,最后进行可用性测试。

3.5 交互原型软件——Axure RP

Axure 软件由 Axure software solutions 公司(简称 Axure 公司)开发。该软件是一款快速原型设计工具,能让产品设计人员快速、高效地创建应用软件或 Web 网站的线框图、流程图、原型和规格说明文档,并且内置大量常用交互事件和函数,有广泛可用的第三方元件库,是目前应用最广的原型绘制软件。此外,目前还有一些其他备受认可的交互设计软件,包括面向个人和企业的云端原型设计与协同工具——墨刀,集设计、原型、开发为一体的设计软件 FramerX。但 Axure 仍凭借强大的功能、团队协作的设置、丰富的使用技巧等得到了产品设计相关从业人员的认可,一度写入产品经理等职位的职位要求,成为这类人必须掌握的工具。从实用角度分析,Axure 是最基础的原型设计软件,掌握了 Axure,其他类似软件也极易上手,具体使用哪一款,可根据实际情况进行选择。

Axure 以其强大的功能和灵活的工作流程而闻名,帮助用户创建高质量、交互丰富的用户界面原型。Axure 的主要功能如图 3-19 所示。

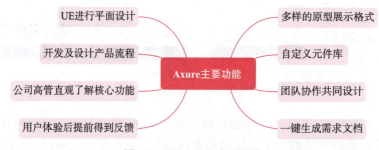

图 3-19　Axure 的主要功能

打开 Axure 软件之后,首先进入操作界面。操作界面主要由标题栏、菜单栏、工具栏、站点地图、元件库、文件母版、工作区和属性面板构成。具体的界面布局如图 3-20 所示。

各构成模块的组成部分或功能如下。

(1) 标题栏:从左至右依次为操作文件名称、软件版本型号、授权人、中文支持方及版本号。

(2) 菜单栏:同很多软件一样,Axure 拥有强大的菜单栏,可以实现不同的文件指令。

(3) 工具栏:制作原型时常用的一些工具,也包括工具的基本属性。值得关注的是 Axure 软件具有实时线上测试功能,单击"预览"按钮或按 F5 键就可以进入测试状态,预

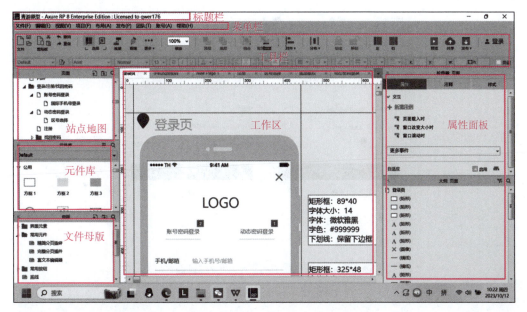

图 3-20　Axure 软件的界面布局

览交互效果,非常直观方便。

(4) 站点地图:显示页面的网络组织层次结构,是一种包含与被包含的父子级关系。

(5) 元件库:存储控件的地方,使用者也可以加载自己的控件,是使用频率最高的地方。

(6) 文件母版:一种用于创建和管理页面布局和元素的模板,可以进行模块的添加、删除、重命名和组织模块分类层次等。

(7) 工作区:页面设计的主要区域,在这个区域可以设计线框图、流程图、原型图等。

(8) 属性面板:在页面的工作区中单击目标时可以设置相关选项,如属性、注释、样式等。

相比于其他设计工具,Axure 的操作相对较为复杂,但只要掌握了基本的操作技巧,使用起来也并不困难。

○ 任务实训

实训项目 3　"青游"App 登录页原型图制作

实训项目 3 任务工单.pdf　　　教学视频.mp4

效果展示: 如图 3-21 所示。

图 3-21 "青游"App 登录页原型图

实施步骤及方法

1. 理解需求

首先,了解项目的需求、目标和受众,与团队和利益相关方进行沟通,明确设计的目标和约束条件。

2. 用户研究

进行用户研究,了解用户的需求、行为和期望,收集用户反馈和观点。可以通过用户调研、访谈、竞品分析等方法进行。

3. 创意草图

进行创意草图阶段,这是快速粗略地绘制设计想法的阶段,可以使用纸和铅笔、白板或设计工具进行,如图 3-22 所示。

图 3-22 "青游"App 登录页原型草图

4. 软件绘制

基于创意草图,创建低保真度原型图,用简化的外观和结构表示界面的布局和功能。

这里使用 Axure 软件进行绘制。

（1）启动 Axure 软件：首先在左上角"页面"（站点地图）处创建信息架构里提到的父子级关系，分别双击页面即可进入该页面的编辑工作状态，如图 3-23 所示。

图 3-23 "青游"App 站点分布

（2）确定尺寸：从元件库找到提前载入的任意一款手机模型（没有的可以用矩形框代替），将其拖曳到工作区备用，如图 3-24 所示。

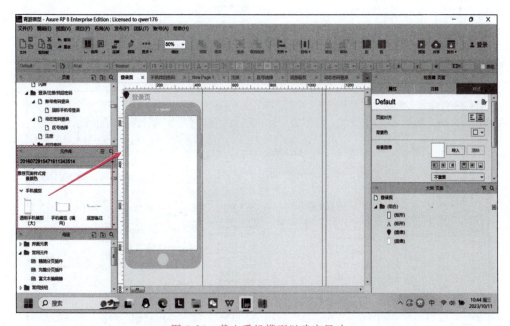

图 3-24 载入手机模型以确定尺寸

（3）规范录入：根据草图设定的元素位置及内容进行低保真绘制，拉取元件库中的方框1，分别双击内部，录入"账号密码登录""动态密码登录"，用同样的方法录入下面的各个信息，具体参数如图 3-25 所示。

注意，字体颜色和背景色的选择要按照层级关系的权重进行选择，由高向低，分别为 #333333、#666666、#999999。"输入手机号/邮箱"和"输入密码"为提示文本，并不是元件录入，而是在右上角的"检查器"→"属性"→"类型"以及"提示"里进行设定。

（4）绘制文本框下划线：图 3-26 中的"账号密码登录""动态密码登录"等下划线不是选择横线元件进行设置，而是利用矩形元件的边框线样式设定的，如图 3-26 所示，上、左、右边框线全部取消显示，只保留下边框线，这样绘制出来的下边框线整齐统一、位置精确。

（5）用同样的办法绘制"动态密码登录"页面。

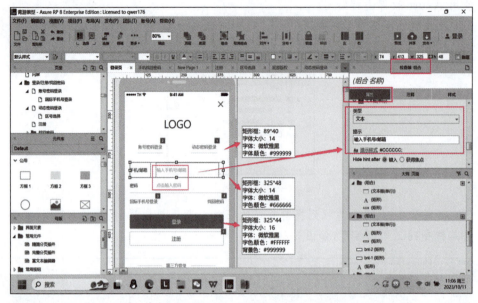

图 3-25 "青游"App 登录页原型图规范录入

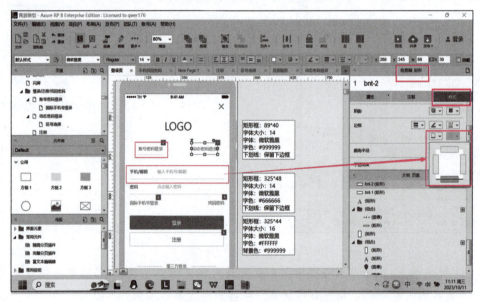

图 3-26 "青游"App 登录页原型图文本框样式

> **小贴士**
>
> 本项目虽然只是绘制产品的低保真原型图,但也要注意版面的整体框架比例要舒适合理,有效地体现层级关系。字体、色彩要规范,哪怕是一个同层级的下划线都要做到形式统一、位置精确,逐步提高自己精益求精的职业素养。

请注意,这只是一个概括的流程,根据项目的规模和复杂性,实际的流程可能会有所不同。

○ 学习评估

专业能力	评估指标	自测等级
认识原型	能够清晰地描述原型概念及作用	□熟练 □一般 □困难
	有效区分原型草图、低保真原型图、高保真原型图	□熟练 □一般 □困难
	熟知低保真原型图绘制步骤	□熟练 □一般 □困难
认识低保真原型图绘制软件	熟知低保真原型软件的使用和操作	□熟练 □一般 □困难
实践原型图绘制	熟悉 Axure 软件的操作界面	□熟练 □一般 □困难
	在绘制低保真原型图时,具备对文字、色彩等规范的意识	□熟练 □一般 □困难

○ 学习小结

○ 拓展训练

一、单选题

1. ( )是交互设计师、产品设计师与产品经理对产品框架的直观展示。
   A. 原型设计　　　B. 产品设计　　　C. 版式设计　　　D. 框架设计
2. 交互稿是在( )的基础上制作的,在 App 产品的交互效果与操作功能的设定中融入用户的心理需求。
   A. 草图　　　　　B. 原型图　　　　C. 线框图　　　　D. 框架图
3. ( )的主要测试流程有制订测试方案、预测试、用户邀请和数据分析等。
   A. 可用性测试　　　　　　　　　　B. 应用性测试
   C. 用户测试　　　　　　　　　　　D. 平台测试

二、多选题

1. 收集用户信息的过程是根据产品功能所对应的使用人群收集用户信息,对用户的( )进行分析。
   A. 年龄　　　　　B. 性别　　　　　C. 爱好　　　　　D. 特征
   E. 工作单位　　　F. 姓名　　　　　G. 使用产品的场景

2. 下列（　　）是常用的原型图制作工具。
    A. 墨刀　　　　　B. PowerPoint　　　C. Photoshop
    D. Axure　　　　 E. InDesign

三、动手实践

制作"青游"应用的其他页面原型图。

通过小组分析判断，每位组员选择一个页面进行低保真原型图绘制，首先绘制草图，小组研讨其可行性，统一色彩、字体等规范形式，最后利用原型图软件实现各页面绘制。

作业要求：

（1）每位组员所选页面不同，尽量做到全项目覆盖化；

（2）低保真原型绘制符合用户使用逻辑，符合产品信息架构；

（3）所使用低保真原型图中色彩、字体等形式均绘制规范；

（4）以个人为单位提交，格式可以是PNG、JPEG图片格式，也可以是PDF格式。

3.6　交互事件

如果一个产品的目的是通过提供功能来帮助用户解决问题并达到目标，那么交互设计就是让用户通过操作与产品进行交互，完成产品流程并实现目标的过程。在这个过程中，用户所付出的操作成本、体验和感受被称为用户体验。交互设计对用户的满意度有着至关重要的影响。通过对产品的关键路径和关键操作进行规划和设计，交互设计可以缩短用户实现目标所需的路径，同时还可以在用户实现目标的过程中提供愉悦的体验，至少不会给用户带来困扰或令用户产生厌倦的感觉。

在交互设计上，人机交互博士尼尔森（Jakob Nielsen）分析了200多个可用性问题，分析提炼出10项通用型原则，并在1995年1月1日发表了《十大可用性原则》，成为产品设计与用户体验设计的重要参考标准。下面对这10项原则进行简单介绍。

1. 反馈原则

系统应该在合理的时间，用正确的方式向用户提示或反馈目前系统在做什么，发送了什么。让用户和系统之间保持良好的沟通和信息传递；系统要告知用户发生了什么，或了解用户预期的是什么，及时反馈。

2. 回退原则

用户经常会不小心进行操作，需要一个功能让程序迅速恢复至错误发生之前的状态。用户误操作的概率极高，对于误操作，产品应尽量提供"撤销""回滚""反悔"功能，让系统返回错误发生前的状态。业务流程类产品对于此类操作要考虑周全，比如可以撤销某些状态的订单，但某个状态之后的订单是无法撤销的。

3. 隐喻原则

系统要采用用户熟悉的语句、短语、符号来表达意思。遵循真实世界的认知习惯,让信息的呈现更加自然,易于辨识和接受。在产品设计中,采用符合真实世界、习惯认知的元素,让用户可以通过观察、联想、类比等方法轻松理解系统要表达的意思。

4. 一致原则

在同样的情景、环境下,用户进行相同的操作,结果应该是一致的。系统或平台的风格、体验也应保持一致。可以在设计过程中梳理设计规范,统一设计风格,保持系统的一致感。

5. 防错原则

系统要尽量避免错误发生,这好过出错后再给出提示。在进行设计时,要充分考虑如何避免错误发生,再考虑如何检查、校验异常。

6. 记忆原则

让系统的相关信息在需要的时候显示,减轻用户的记忆负担。系统的应用应该减轻用户的负担,而不是加重负担。对于可以帮助用户分担的部分,尽量分担。

7. 灵活易用原则

在系统的用户中,中级用户占据多数,初级和高级用户相对较少。系统应该为大多数人设计,同时兼顾少数人的需求,做到灵活易用。好的产品是有门槛的,门槛高度覆盖最典型的用户画像,同时又为跨越门槛提供了平缓的路线。

8. 简约设计原则

对话中不应包含无关的或没有必要的信息,增加或强化一些信息就意味着弱化另一些信息,重点太多,等于没有重点。把握好强调、突出的度,保持整体的平衡。

9. 容错原则

错误信息应该用通俗易懂的语言说明,而不是只向用户返回某个错误代码。提示错误时,要给出解决问题的建议。将错误信息转化为用户可以理解的语句,并告诉用户该如何解决。

10. 帮助原则

对于一个设计良好的系统,用户应该不需要经过培训就可以上手,但提供帮助文档依然是必要的。帮助信息应该易于检索,通过明确的步骤引导用户解决问题。

任务实训

实训项目 4 "青游"App 登录页面跳转动效制作

实训项目 4 任务工单.pdf

教学视频.mp4

实施步骤及方法

1. 明确跳转思路

从 Axure 软件中打开项目3,选择"账号密码登录""动态密码登录"任一页面进行交互跳转。这里选择"动态密码登录"进行跳转。

现在先梳理一下交互流程,需要在输入手机号后,激活"发送验证码"字样,让它变得更加清晰可见(黑色),便于激发用户点击。用户单击"发送验证码"元件后,等待手机收到信息,并激活"输入短信验证码"元件,待元件出现光标闪烁,录入验证码后,激活"登录"按钮,按钮由不可用的灰色变为可用的绿色,引发点触行为,并跳转至 App 首页。

2. 设定名称

为一些在交互中具有重要作用的元件设定名称,便于在交互中迅速找到,提高工作效率。注意,名称只能是字母(英文/拼音)或数字,否则程序无法识别。

选中要设定名称的元件,在软件右上角"检查器"第一行输入名称,现在分别要给"输入短信验证码""发送验证码""登录"按钮设定名称,名称均以大写字母开头,具体如图 3-27 和图 3-28 所示。

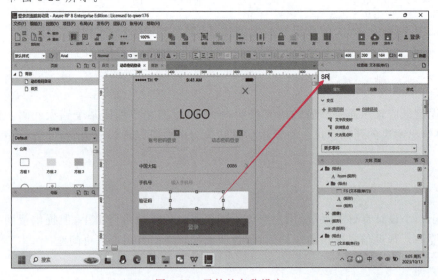

图 3-27 元件的名称设定

图 3-28　元件的对应名称

3. 设定样式

这里的样式是指交互后的样式，比如字体变大了、色彩变亮了等，在软件右上角的"检查器"→"属性"→"交互样式"中进行设定即可。通过跳转流程，会发现交互后需要改变样式的元件有"发送验证码"字样，"登录"按钮的色彩也会发生改变，如图3-29和图3-30所示。

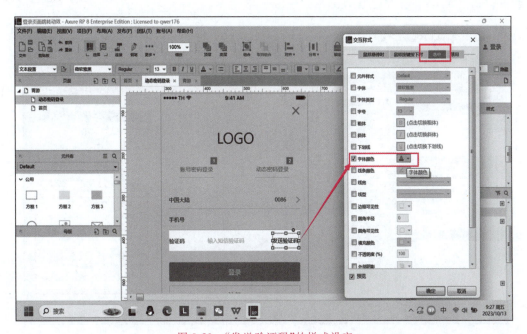

图 3-29　"发送验证码"的样式设定

图 3-30 "登录"按钮的样式设定

4. 交互行为

交互样式设定后,就可以链接交互行为了。

(1)当录入 11 位手机号后,激活"发送验证码"字样会变为黑色,这是给"输入手机号"设定了失去焦点行为,选中"输入手机号"元件,单击检查器,选择"属性"→"交互"→"失去焦点时",弹出"用例编辑器",为新增动作选择"选中",为配置动作勾选 FS 元件,按 F5 键预览测试效果,具体操作过程如图 3-31~图 3-33 所示。

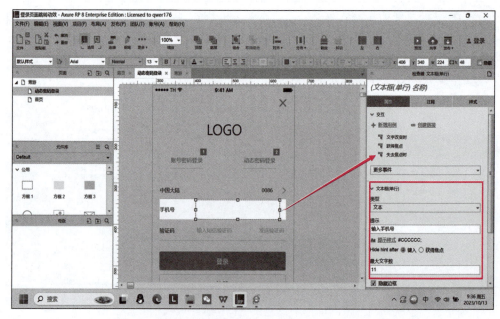

图 3-31 设置"输入手机号"元件的"失去焦点时"交互属性

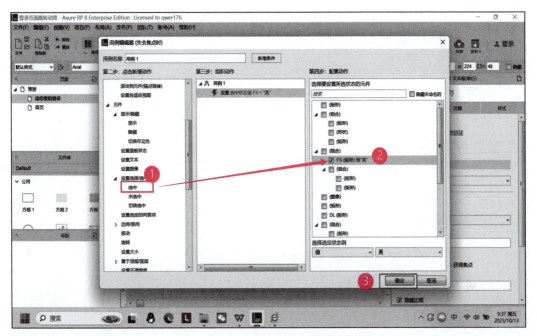

图 3-32 设置"失去焦点时"的"用例编辑器"

图 3-33 预览测试效果

（2）单击"发送验证码"元件，触发"输入短信验证码"元件的启动，从而出现光标闪烁。选中"发送验证码"元件，单击检查器，选择"属性"→"交互"→"鼠标单击时"，弹出"用例编辑器"，为新增动作选择"获得焦点"，为配置动作勾选 SR 元件，按 F5 键预览测试效果，会发现"输入短信验证码"处有光标闪烁，具体的操作过程如图 3-34 和图 3-35 所示。

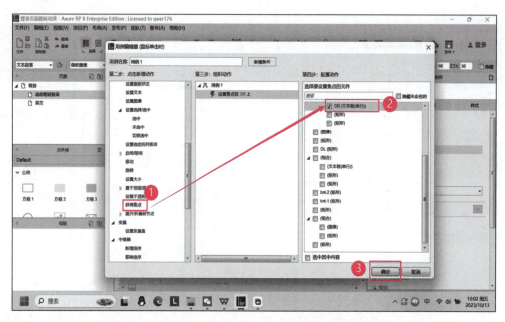

图 3-34　设置"发送验证码"元件的"鼠标单击时"交互属性

图 3-35　预览测试效果

5. 页面跳转

输入短信验证码后,激活"登录"按钮,使不可用的灰色变为可用的绿色,点击绿色"登录"按钮,进入首页展示,最终实现登录页面的跳转交互。

(1) 给"输入短信验证码"元件添加事件,选中"输入短信验证码"元件,单击检查器,选择"属性"→"交互"→"文字改变时",弹出"用例编辑器",为新增动作选择"选中",为配置动作勾选 DL 元件,按 F5 键预览测试效果,具体的操作过程如图 3-36～图 3-38 所示。

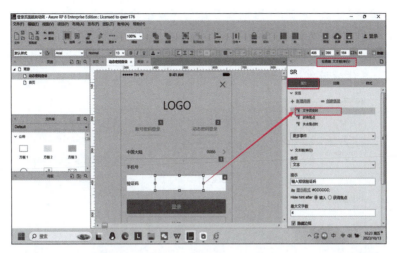

图 3-36　设置"输入短信验证码"元件的"文本改变时"交互属性

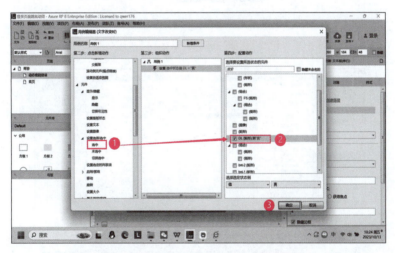

图 3-37　设置"文本改变时"的"用例编辑器"

图 3-38　预览测试效果

（2）单击绿色"登录"按钮,页面跳转至首页。先在软件左上角的站点地图中重新建立一个纸张,加入首页备用。选中"登录"元件,单击检查器,选择"属性"→"交互"→"鼠标单击时",弹出"用例编辑器",为新增动作选择"当前窗口",为配置动作勾选"首页",按F5键预览测试效果,具体的操作过程如图3-39～图3-41所示。

图3-39　设置"登录"按钮的"鼠标单击时"交互属性

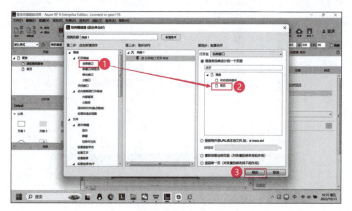

图3-40　设置"当前窗口"的"用例编辑器"

图3-41　预览测试效果

以上是"登录"页面跳转交互的全过程,这是交互行为覆盖较全面的一个项目实训,涉及 Axure 软件中的交互样式和事件设定,事件设定又包含了失去焦点、获得焦点、文本改变时和鼠标单击时等情况,内容翔实,交互效果一目了然,符合良好的用户体验的标准。

○ 学习评估

专业能力	评 估 指 标	自测等级
理解交互事件	能够用语言清晰描述交互十大可用性原则	□熟练 □一般 □困难
熟悉 Axure 软件的操作与使用	能够给元件进行名称设定	□熟练 □一般 □困难
	能够给元件进行交互样式设定	□熟练 □一般 □困难
	能够给元件进行交互事件的发起与结束设定	□熟练 □一般 □困难
	熟悉交互事件流程	□熟练 □一般 □困难
	能够完成页面与页面间的交互跳转	□熟练 □一般 □困难

○ 学习小结

_____

_____

_____

_____

_____

○ 拓展训练

制作"青游"App 其他页面的交互跳转。

通过小组讨论分配,每位组员选择项目中的一个页面进行页面交互跳转,首先绘制跳转的流程草图,然后小组研讨其可行性,最后利用原型图软件实现各页面间的跳转效果。

作业要求:

(1)每位组员所选页面不同,尽量做到全项目覆盖;

(2)页面跳转符合用户的使用逻辑,符合产品信息架构;

(3)不是只进行一个页面的简单跳转,而是具备全面、系统的交互过程;

(4)以个人为单位提交,格式为 Axure 的源文件 .rp 格式。

第 4 章 产品界面设计

随着互联网的快速发展、人工智能技术的推动以及各种智能化电子产品的普及,越来越多的产品界面将会进行 UI 设计。好的 UI 设计能让产品界面变得美观、简洁、时尚,不仅能体现出产品的个性和品位,还能让产品的操作变得更加舒适简单,从而提升用户的体验。本章主要通过学习产品界面设计的基本知识,利用企业真实项目实战,帮助学习者尽快掌握产品界面设计的设计原理与方法,为以后步入工作岗位打下坚实的基础。

学习目标

素养目标:
- 培养学科思维在广度和深度上的拓展能力;
- 培养创新思维和创造力;
- 培养能够独立思考、解决问题、应对挑战的创新能力;
- 培养团队协作能力;
- 培养公共意识、规则意识,强化社会责任意识。

知识目标:
- 了解产品界面的开发流程;
- 理解产品界面的地位及重要性;
- 熟知产品界面形式的类别特点;
- 掌握各类别界面的输出办法与技巧;
- 掌握各类别界面的输出规范。

能力目标:
- 具备观察、分析、推理、判断和解决问题的认知能力;

- 具备实践操作的实践能力;
- 具备发现问题,提出创新解决方案和开拓新领域的创新能力;
- 能够有效地与他人共同完成任务的团队合作能力;
- 能够自主选择和规划学习内容、方法和进度的自主学习能力。

实训项目	实训目标	建议学时	技能点	重难点	重要程度
实训项目5 "青游"App情绪板制作	制作符合项目主题的情绪板	4	色彩的情感力量及UI中的配色技巧	情绪板制作流程	★★★★★
				品牌色确定	★★★★★
实训项目6 "青游"App产品图标设计与制作	利用情绪板进行项目产品图标的设计与制作	4	Photoshop和Illustrator软件的操作与使用	产品图标的风格表达	★★★★☆
				图标的制作流程	★★★★☆
实训项目7 "青游"App引导页设计与制作	能够全流程制作App引导页	4	引导页的作用	能够区分启动页、闪屏页、引导页等的不同形式表现	★★★★☆
			引导页的设计方法	利用界面的形式美法则进行相关页面设计与制作	★★★★★
实训项目8 "青游"App首页设计与制作	结合项目需求,合理编排首页结构框架,制作符合设计需求的高保真首页	4	MasterGo软件的操作与使用	使用相关软件实现高保真首页的输出	★★★★★
			界面的形式美法则	首页结构框架的合理搭建	★★★★★
实训项目9 "青游"App Banner设计	了解Banner设计的核心目标	4	Banner中的图形及文字排版设计	掌握Banner的构图设计技巧	★★★★★
			Axure软件的操作与使用	掌握Banner轮播制作技巧	★★★☆☆

产品界面设计是指产品与用户直接进行交互交流的界面,是产品与用户之间沟通的桥梁。简单来说,就是设计师和用户之间的对话窗口,这也是用户与产品交互的载体。

在移动UI设计中,产品界面设计是要对App应用界面进行美化、优化、标准化设计,具体包括App启动图标、启动页、应用引导页、应用框架设计、菜单设计、标签设计、面板设计以及滚动条、状态栏等组件库设计等。因此在设计时需要考虑的因素有很多,比如色彩搭配、页面结构、信息层级、字体大小、图片大小等,这些因素直接决定了一个页面是否具有吸引力、是否能够吸引用户的眼球、是否能够让用户体验舒适。

移动产品界面设计涉及的要素众多,包括视觉设计(色彩、排版、字体、图标、图片等)、交互设计(用户与App的交互方式、操作流程、页面切换等)、信息架构(内容组织、分类、标签、搜索等)、品牌设计(传递品牌形象,符合品牌特色)。

本章也将从高保真输出的常用软件、设计中的平面构成、设计中的色彩搭配、Banner的设计、App 图标设计、App 界面设计进行介绍，并根据 App 应用的具体内容进行项目实训。

4.1 高保真输出常用软件

4.1.1 图形图像处理软件——Adobe Photoshop

Adobe Photoshop，简称 PS，是由 Adobe Systems Incorporated 公司（简称 Adobe 公司）开发和发行的图像处理软件，主要处理由像素构成的数字图像，使用其强大的编修与绘图工具，可以有效地进行图片编辑处理工作。Photoshop 有很多功能，在图形、图像、文字、视频、出版等各方面都有涉及，是目前使用领域最广泛的一款图形图像处理软件。在 UI 设计中，Photoshop 可以用于图标制作、界面设计等高保真图像输出。

1990 年 2 月，Adobe 公司推出 Photoshop 1.0，是其第一个版本，2003 年，Adobe Photoshop 8.0 更名为 Adobe PhotoshopCS。2013 年 7 月，Adobe 公司推出了 Adobe CC。自此，Adobe CS 系列被新的 Adobe CC 系列取代。

截至 2023 年 5 月，Adobe Photoshop CC 2023 为最新版本，它支持 Windows 系统、macOS 系统与 Android 系统。Adobe Photoshop CC 2023 的启动初始界面如图 4-1 所示。

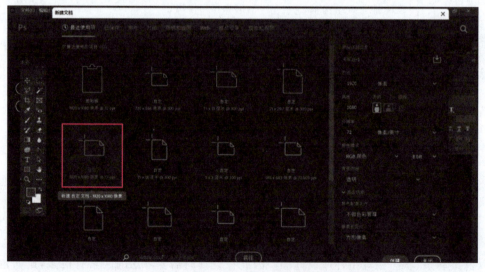

图 4-1　Adobe Photoshop CC 2023 的软件启动界面

4.1.2 矢量绘图软件——Adobe Illustrator

Adobe Illustrator，简称 AI，同样是由 Adobe 公司开发和发行的矢量图形制作软件，软件界面设计和操作与 Photoshop 有极大的相似性，二者可以无缝链接使用。AI 极为擅长处理一些极其复杂的图形路径，是一款非常好用的矢量图形处理软件，可以为线稿提供较高的精度和控制，它在平面设计中主要用于印刷出版、书籍海报排版、专业插画、多媒体图像处理和互联网页面的制作等。在 UI 设计中，可以用于图标制作、界面设计等高保真图像输出。Adobe Illustrator 的软件操作界面如图 4-2 所示。

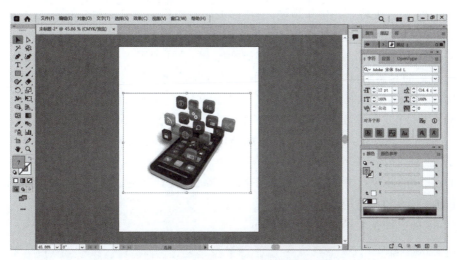

图 4-2　Adobe Illustrator 的软件操作界面

4.1.3　矢量绘图软件——Adobe XD

Adobe XD 是一款专业的界面设计软件，支持 Windows 系统和 macOS 系统，可以实现高保真原型设计、UX 设计和 UI 设计。它的功能非常强大，支持多种交互式和动画效果。Adobe XD 的软件操作界面如图 4-3 所示。

图 4-3　Adobe XD 的软件操作界面

4.1.4　Figma

　　Figma 是一款在线的界面设计工具,能够在多个平台上运行,包括 Windows、macOS 和 Linux。它的最大特点是协作功能,支持多人同时协作创建设计和编辑。

　　Figma 的主要优势在于以下几点。

　　(1)云端协作:Figma 的设计文件存储在云端,设计师可以轻松地与团队成员进行实时协作,多人同时编辑、评论和反馈,使团队能够更高效地合作。

　　(2)强大的设计工具:Figma 提供了一整套强大的设计工具,包括矢量编辑、原型设计、布局网格、样式库等,这使设计师能够在一个平台上完成从设计到原型的整个流程。

　　(3)插件生态系统:Figma 支持丰富的插件,用户可以通过插件扩展 Figma 的功能,自定义工作流程,提高工作效率。

　　(4)开放的设计系统:Figma 支持创建设计系统,设计师可以创建组件和样式库,以确保设计的一致性和可重用性。

　　Figma 的软件操作界面如图 4-4 所示。

图 4-4　Figma 的软件操作界面

4.1.5　MasterGo

　　MasterGo 由国内知名的产品设计研发协作平台蓝湖推出,是一款拥有完善的界面和交互原型设计功能的本土化设计工具平台。它可以通过一个链接完成大型项目的多人实时在线编辑、评审讨论和交付开发。团队使用 MasterGo,能够基于高效、简单的设计系统确保交付的一致性,提高交付效率。MasterGo 能够提供私有化部署,满足团队和企业的个性化需求,其主要功能有界面设计(自动布局、素材填充等)、交互原型(连接界面、设置交互事件、模拟产品使用流程)、设计系统(管理设计资源,组件一键复用、一处修改全局同步)、团队协作(团队成员在同一个界面操作,设计师可同时编辑,产品经理在线评审,工程师查看并下载代码)、设计交付与实时更新同步(云端存储实时更新,工程师可随时查看标注、获取代码、下载切图。设计图自动交付,开发团队可随时查看标注,下载不同格式的切图)。

2023年11月,MasterGo 2.0上线,可一键导入XD、Sketch、Figma文件。MasterGo的软件操作界面如图4-5所示。

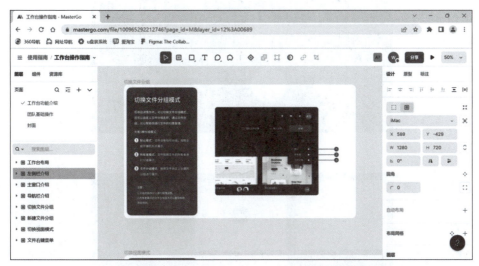

图4-5 MasterGo的软件操作界面

4.2 设计中的平面构成

4.2.1 点、线、面

点、线、面作为造型的基本元素,在平面构成的学习中已经进行了详细的分析,点作为最小单位,移动时留下的轨迹形成了线,线在移动时留下的轨迹便形成了面。在造型艺术上,三者相辅相成、相互依存、相互影响,共同构成了丰富多样的艺术作品。

在UI设计中,点、线、面依然是界面设计中的三种最基本元素,它们是构成UI设计的基础,各自有独特的含义和用法。点线面在界面设计中的关系如图4-6所示。

1. 点

点是最基本的造型要素,它没有长宽和宽度,只有位置坐标和大小。它既可以作为一种孤立的图像单元存在,也可以是组成更复杂形象的基本单位。在界面设计中,点通常用于标记设计中的位置、关键节点、触摸点等,它的排列、形状和颜色都可以影响作品的整体效果。点在界面中,具有强调和重点指示的作用,如图4-7所示。

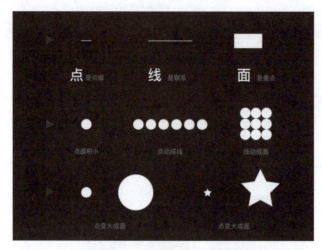

图 4-6　点线面在界面设计中的关系

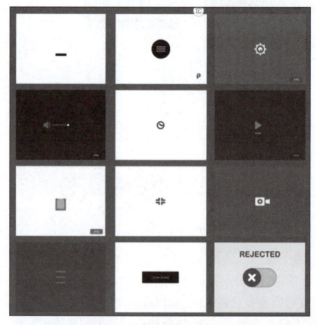

图 4-7　点在界面中的作用

2. 线

线是由一系列点连接而成的路径,具有长度。线具有直线、曲线、锯齿线等多种形式,在造型艺术中有着多种表现方式。线可以用于描绘物体的轮廓,或者用于表示空间的分割和结构,也可以用于表达运动、节奏和情感。

在界面设计中,线可用于连接不同的界面元素、突出重点、划分内容等。线的类型有实线、虚线、粗线等,可以根据不同情况选择不同类型的线条,以便加强 UI 界面的表现力,如图 4-8 所示。

图 4-8　线在界面中的表现

3. 面

作为二维形状，点放大后即成为面，而通过线的分割所产生的各种比例的空间也可以被称为面。面具有长度、宽度、方向、位置、摆放角度等属性，且具有组合信息、分割画面、平衡和丰富空间层次、烘托与深化主题等多种作用。

在界面设计中，面通常用于划分界面元素、组织视觉内容、帮助区分不同种类的信息和功能等。一般说来，面需要选择合适的填充、形状等多种属性来呈现优美的视觉效果。面在界面中的表现如图 4-9 所示。

图 4-9　面在界面中的表现

总体来说，点、线、面是 UI 设计中最基本、最基础的三大元素，它们设计的好坏往往关系到 UI 界面的视觉感受以及用户的使用体验。UI 设计师应该正确应用它们，根据不同的设计需求，选取合适的尺寸、构图、色彩等元素，以实现最佳的视觉效果。

4.2.2 图像元素

图像指的是用于表现对象、场景、事物或概念的二维或三维形式的视觉元素。它可以是通过绘画、摄影、数字处理等方式创造的静态或动态的视觉媒介,包括照片、绘画、图表、图标、地图、插图和电脑生成的图像等形式。在信息时代,图像在传达信息、表达情感、传播思想等领域中起着重要作用。

图像元素是 UI 界面设计中常见的一种视觉元素,以下是一些常见的图像元素。

1. 图标

图标(icon)是 UI 界面中常见的图像元素,主要用于指示界面功能和说明状态。它可以是简单的黑白图形,也可以是渐变或有着复杂纹理的图像。在 UI 设计中,图标分为产品图标和功能图标。它们的色彩、大小、对比度、形状等属性均会对 UI 界面的美观性和易用性产生影响。

2. 图片

图片是界面设计中最常见的图像元素,主要是以面的形态出现。它可以用于帮助用户理解某种特定情况或挖掘用户的情感需求。在使用图片时,UI 设计师需要选择高质量的图片,其尺寸、色彩、主题等属性都能够为 UI 界面创建最佳的视觉效果。

3. 背景图案

背景图案是界面中非常重要的图像元素之一,能够帮助 UI 界面建立特定的情境。背景图案可以是纯色、图案、渐变、花纹或其他图形,形态有所不同,主要依据 UI 设计主题或意图而定。

4. 按钮图像

按钮图像是 UI 界面设计常用的图像元素,它能够让用户立即认识功能,更好地进行交互。在设计按钮图像时,UI 设计师通常会针对 UI 特定主题选用形状、色彩、样式,以表达特定的意图和一致的场景。

总之,图像元素是 UI 界面设计中不可或缺的部分,能够增强 UI 界面的整体观感,提高用户体验。在使用这些元素时,UI 设计师需要结合设计主题和意图,恰当地选用符合需求的尺寸、色彩、形状和样式等属性,以便达到最佳视觉效果和用户体验。

4.2.3 多媒体元素

多媒体元素是指在 UI 设计中常用的包含多种媒体内容的元素。在 UI 界面设计中,多媒体元素不仅有助于增强视觉冲击力和用户体验,同时还可以丰富 UI 界面的信息和功能。以下是常见的多媒体元素。

1. 视频

视频是 UI 界面中一种重要的多媒体元素,能够通过视觉和声音的共同呈现,让用户更好地交互和感知。在UI设计中,视频可以用于呈现产品实际效果、操作视频、产品介绍、广告及其他宣传内容等。在应用视频时,UI设计师要合理选择视频源、控制视频的质量等,以实现最佳视觉效果。

2. 音频

音频是一种能够传达情感,帮助用户感知环境和更好地理解功能和内容的多媒体元素。在UI设计中,音频可以通过音乐、语音等方式呈现,以增强UI界面的交互效果。例如,音乐可以被用于网站界面,语音可以用于自动化的语音助手等。

3. 动画

动画是UI设计中最常见的一种多媒体元素,能够为UI界面增加生动的效果,让UI界面更有活力。经由良好的设计,动画可以为单一控件、页面转换、流程变化等提供更多美感和功能,也可以使UI界面具有优秀的交互效果和用户体验。

总之,多媒体元素在UI设计中起着举足轻重的作用,可以提高用户界面的美感和交互性。在设计过程中,既要遵循设计主题和意图,突出设计理念,确保UI界面的一致性和美观度,也要遵循简约风格,保证功能和美学之间的平衡。

4.3 设计中的色彩构成

色彩是视觉语言中最具表现力的要素之一,它会直接影响到人的感官,优秀的色彩搭配会让人赏心悦目、心情愉悦,进而提升了设计本身的吸引力。在界面设计中,色彩构成是非常重要的组成部分,正确的使用和组合色彩可以创造出更具张力的视觉效果,所以UI设计师必须具备色彩构成的相关知识,为作品个性的表达锦上添花。

作为设计师,首先必须具备色彩属性的基本知识,在此基础上再进行色彩构成的探讨,就会更加有的放矢。下面先来回顾一下色彩的三个基本属性。

色彩具有三个基本属性,分别是色相、明度和饱和度。

1. 色相(hue)

色相是指色彩的相貌特征,用于区分不同的色彩。红色、黄色、蓝色为三原色,由三原色两两混合而成的间色为橙色、紫色、绿色。由这6种颜色与相临近的色彩进行混合,由此形成的复色有红橙色、黄橙色、黄绿色、蓝绿色、蓝紫色、红紫色。以上共计12种较鲜明的色彩组成了伊登十二色环,如图4-10所示。在伊登十二色环中,选择一个基色,旋转0~5度为同一色相,有和谐之感;旋转0~30度为

图4-10 伊登十二色环

类似色相,有活泼之感;旋转 0~120 度为对比色相,有生动之感;旋转 0~180 度为互补色相,有刺激之感。设计人员可通过将色环中的色彩进行搭配,设计出视觉效果丰富的作品。

2. 明度(brightness)

明度代表色彩的明暗程度,即有色物体由于反射光量的多少而产生颜色的明暗强弱。通俗来讲,在某个颜色中加入的白色越多,则该颜色就显越明亮,加入的黑色越多则越暗淡。明度较高的颜色看起来更加明亮和清晰,容易使人联想到天空、云雾、海面、棉花等事物,产生轻柔、漂浮、上升、敏捷的感觉;明度较低的颜色则显得更加稳定和沉着,容易使人联想到大理石、钢铁、石头等事物,产生沉重、稳定、沉降的感觉。变化色彩的明度可以增强画面的空间感,如图 4-11 所示。

3. 饱和度(saturation)

饱和度也叫纯度或彩度,表示色彩的鲜艳度。同一色相中,饱和度的变化会给人不同的视觉感受,高饱和度颜色更加鲜艳饱满、冲击力强,低饱和度颜色则呈现出较为灰暗或混沌的感觉,如图 4-12 所示。在界面设计中,背景通常利用色彩的饱和度进行画面的统一调整,辅以高饱和度的按钮与图标等较小的视觉元素,起到平衡画面的作用。

图 4-11　色彩的明度变化

图 4-12　色彩的饱和度变化

以上三个基本属性共同决定了色彩的外观以及它们带给人的感觉,通过调整它们,就可以得到不同的颜色效果。

了解完这些最基本的色彩知识后,设计者就会对色彩有较强的感知力,即使在选择或搭配颜色时感到为难,凭借对色彩的理解和感觉,仍然可以很直接地判断出配色的优劣。色彩构成是 UI 界面设计的重要组成部分,正确地使用色彩可以增强 UI 界面的设计质量,获得用户的好感,提升品牌知名度。UI 设计师需要选择恰当的配色方案,保证设计主题和业务需求的一致性,平衡 UI 界面,使之具有吸引力。作为一名 UI 设计师,色彩搭配是必不可少的一项基本技能。

4.3.1　UI 设计中的色彩构成

在设计 UI 界面时，UI 设计师可以根据不同的设计目的，使用不同的色彩构成方案，以下为一些常见的色彩构成方法。

1. 单色构成

单色构成是指使用一种颜色作为 UI 界面的主色调，通过选择不同的饱和度和明度来区分不同类型的内容或者功能的配色方案。单色构成可以帮助 UI 界面呈现出简约、有序和专业的感觉，如图 4-13 所示。

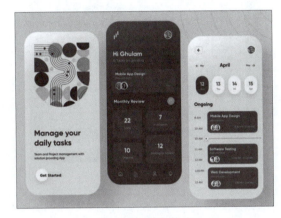

图 4-13　单色构成

2. 双色构成

双色构成是指使用两种颜色来构成 UI 界面的整体配色方案。配对的颜色可以是互补颜色或邻近颜色，还可以通过调整对比度、明暗度等属性以达到更好的视觉效果和突出的表现力，如图 4-14 所示。

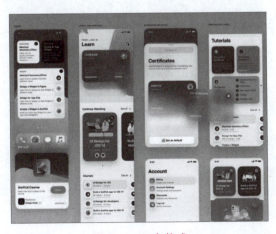

图 4-14　双色构成

3. 多色构成

多色构成是由三种或三种以上的颜色构成的 UI 界面配色方案。从整体上来看,多色构成方案明亮或暗淡与否应根据 UI 设计的主题和意图而定。多色构成要注意色彩的协调和平衡,应保持界面的和谐,如图 4-15 所示。

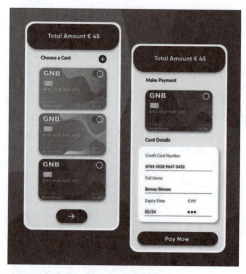

图 4-15　多色构成

4. 渐变色构成

渐变色构成融合不同的颜色,通过渐变处理制造流畅的色彩变化。颜色的渐变通常有直线渐变、径向渐变、角度渐变等不同种类,可以根据设计需要选择不同的渐变方式和颜色,以突出界面的重点,如图 4-16 所示。

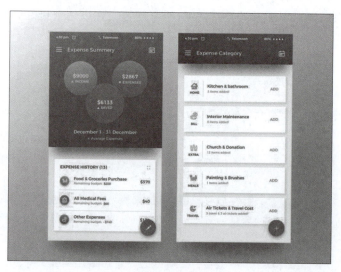

图 4-16　渐变色构成

4.3.2　UI 设计中的配色技巧

在 UI 设计中,配色是非常重要的,如果选择不当,将会影响 UI 的整体效果,甚至会影响到用户的情感和体验行为。以下是在 UI 设计中常用的配色技巧。

1. 主色调

色调以明度和饱和度相结合的方式表现色彩的状态。UI 设计的配色方案通常是以一个主色调为基础,又称品牌色。因此,在开始设计之前,UI 设计师应该首先确定主色调,以它为中心进而衍生出其他配色。主色调的选择应该基于该 UI 界面的设计主题和功能,还应体现对应的色调情感,可以利用情绪板原理确定主色调。

2. 辅助色

在整个 UI 界面色彩搭配过程中,应该清楚区分主要颜色和次要颜色。主要颜色应该突出设计主题,次要颜色应该扮演辅助作用。在设置主次关系时,可以考虑增加对比度或改变明度等方法。

3. 点缀色

对比色是在伊登十二色环中相隔120°的颜色,互补色是在伊登十二色环中相隔180°的颜色,因此从理论上来说,互补色包含于对比色之内。它们具有很强的对比度,使用这些颜色做点缀色,可以活跃画面,突出重点、强调功能、增强交互的作用,但注意应小面积使用。

4. 尝试渐变

渐变是两种或多种颜色交汇的过渡,需要 UI 设计师根据 UI 主题和业务需求,将颜色顺序、方向和过渡设置到最佳状态。使用渐变色可以让 UI 界面更加生动,富有层次感。

5. 保持简约

虽然颜色可以起到吸引用户注意的效果,但若使用过多,UI 界面就会看起来混乱无序。UI 设计师始终应秉承简约的原则,基于选定的主要颜色进行设计。

以上是一些在 UI 设计中常用的配色技巧,UI 设计师可以根据 UI 设计主题和业务需求采用不同的技巧和方法,以实现最佳视觉效果和用户体验。

> **小贴士**
>
> 配色技巧的具体方法有以下两种:
> 1. 伊登十二色环配色法;
> 2. 情绪板原理配色法。

4.3.3　UI 设计中的色彩情感

色彩的情感是色彩构成中非常重要的内容之一。色彩通过对人的视觉上的刺激，引发人们的情感和感官上的变化，这就是色彩的情感。色彩本身并不具有某些含义和情感，社会文化和人为认知产生了情感上的思维定式，为色彩赋予了这些情感，而且这些情感往往极具有代表性。设计师应当巧妙地运用色彩，贴合用户心理及市场需求。这就要求设计师对色彩的情感了如指掌，了解不同色彩在社会与文化中的典型情感趋向，并引导用户的内心情感和思维沿着产品预期的方向发展，进而影响用户感知和行为。

UI 界面设计中的色彩情感应用通过使用不同的色彩来传达特定的情感和信息，通过吸引用户的眼球，引导用户产生沉浸式体验。以下是几种常见的颜色在 UI 设计中通常所代表的情感倾向。

1. 黑色

黑色是无彩色，一般用来表现品质、权威、稳重和时尚感等特点，同时往往也表现出冷漠、悲伤和防御的消极情感特点。它是所有颜色中最具力量的一种，能够迅速吸引用户的注意力。黑色吸收所有光线而不产生反射，表明没有任何光线进入视觉范围之中，与白色形成鲜明的对比。在人们想要低调或专注处理事物时，黑色常常受到青睐。此外，它能够让与之搭配的其他颜色显得更加鲜明亮丽，因此在界面设计中，常常将黑色与其他颜色搭配，以使产品更加亮丽和时尚。即使搭配暗色，黑色也会带来出色效果。特别值得注意的是，黑色与红色的组合异常引人注目，黑色和黄色的搭配则往往会突出活力和亮点。此外，黑色还代表着神秘、科技感和稳重等情感特点，因此许多科技产品都选择黑色作为主色调或背景色。黑色可谓一种永远流行的经典颜色，如图 4-17 所示。

图 4-17　以黑色为主色调的界面设计

2. 白色

白色同样属于无彩色,是所有可见光进入视觉范围的颜色,包含了光谱中的所有色光,因此常常被认为是无色的。白色具有最高的明度,并且没有特定的色相。在 RGB 模式中,红、绿、蓝三种颜色混合可以得到白色。白色传递着简洁、纯真、高雅、精致、信任、开放、干净和清爽等情感特点。单独使用白色通常不会引起太多情感共鸣,但当白色与其他颜色搭配时,它可以作为出色的衬托,大量的留白能够让其他元素更加突出。

在界面设计中,白色常用作背景色,以平衡色彩之间的冲突,同时为其他颜色提供衬托,并提高画面的明亮度和文字的可读性。尽管黑色和白色是两种极端对立的颜色,但它们的搭配总是非常完美且永不过时,如图 4-18 所示。

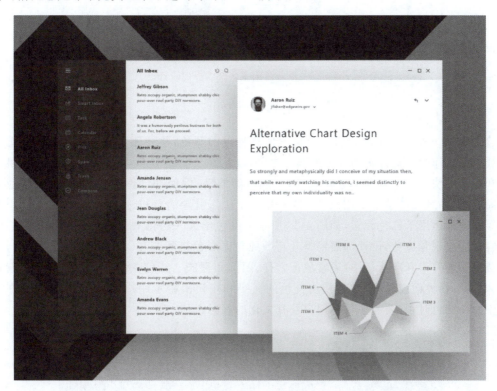

图 4-18 以白色为主色调的界面设计

3. 灰色

灰色也是无彩色,一般表现出高级、低调、睿智、执着、严肃和压抑等情感特点。它处于黑色和白色之间,没有特定的色相和饱和度,仅有明度的变化。灰色与任何颜色都能搭配,是一种极其柔和的颜色。灰色常常被用作背景色,以突出其他颜色。

在 UI 界面中,很少会使用纯粹的黑白两色,常常用深灰色或浅灰色分别代替它们。与黑色相比,灰色显得不那么坚硬刺眼,更具弹性,也因此具备更深层次的力量感。在 RGB 模式下,红、绿、蓝三色数值相等,就会得到中性灰色,如图 4-19 所示。

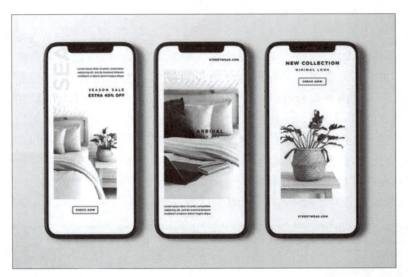

图 4-19　以灰色为主色调的界面设计

4. 红色

红色是一种具有主动、热情、自信等情感特点的颜色,往往还具有危险、革命、性感等象征意义。作为视觉冲击力最强的颜色之一,红色甚至能够引发一些生理反应,如心跳加速和呼吸加快。红色有助于激发勇气,引起情绪波动,促使冲动性消费,因此在快餐业和电商业中,品牌设计常常使用红色,旨在引发冲动并引导消费行为。麦当劳、京东和小红书等品牌都运用了红色元素,如图 4-20 所示。红色给人一种温暖、坚定和外向的感觉,但也容易造成视觉疲劳,设计师需要将其巧妙地与无彩色搭配调和。在中国传统文化中,红色备受喜爱并得到广泛运用,通常象征吉祥、团圆和喜庆。红色在西方文化中也象征着警示和告诫,在界面设计中,常常使用红色的文字和按钮来警示用户谨慎操作。因此,在设计中使用红色时,需要考虑目标用户及其文化的差异。

图 4-20　以红色为主色调的界面设计

5. 橙色

橙色是一种有着温暖、热情、快乐、创造力和活跃等情感特点的颜色,它由红色和黄色混合而成,是最暖的颜色之一,可以提高人的食欲,所以在生活中被大量应用到餐饮设计领域。在视觉上,橙色具有很高的对比度,因此常被用于标识和警示标志,例如道路标志、警告标志、品牌标志等方面。橙色与互补色蓝色相搭配,可以营造出一种活力四射的氛围;与绿色相搭配,可以营造大自然与平和的感觉;与黄色搭配,可以产生明亮和快乐的效果。在 UI 设计中,橙色通常被用于表示活力、温暖和亲和力,是一种积极的色调,也代表了焦点和创意性,如图 4-21 所示。

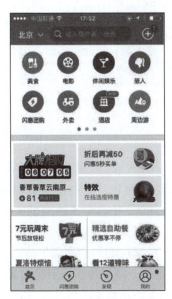

图 4-21 以橙色为主色调的界面设计

6. 黄色

黄色是一种代表阳光、时尚、青春、活力、尊贵、轻快、辉煌和希望与快乐的颜色,一般也能表现青春、时尚、阳光等情感特点,在某些特殊情境下还具有辉煌、尊贵等含义。它是有彩色里明度最高的颜色,非常醒目,虽然在警示效果上不如红色明显和强烈,但仍然能够给人一种醒目和危险的感觉。然而,由于黄色过于明亮,所以使用起来比较困难,容易影响整体的色彩基调,并且在与其他颜色的搭配中易失去原本的特性。基于这一点,设计师一定要注意妥善地运用黄色。

黄色与白色组合看起来格外明亮刺眼,而与黑色组合起来则会有很好的效果,被称为易见度最高的一组配色。例如,美团和站酷的界面都使用了黄色与黑色的组合,效果就很好,如图 4-22 所示。黄色与蓝色的组合也很流行,黄色可以唤醒蓝色的沉静,产生高对比度的视觉冲击。在中国古代封建社会的皇室中,黄色有着特殊的含义,代表尊贵和权威。另外,低明度的黄色可能给人一种肮脏的感觉,需谨慎使用。

黄色作为一种非常鲜明的色彩,具有乐观和开放的情感特点。在 UI 设计中,黄色通常被用于表现活力、灵感和好奇心。

图 4-22 以黄色为主色调的界面设计

7. 绿色

绿色是自然界中最常见的颜色,象征着生命力、青春、希望、宁静、和平、环保、舒适和安全等。它介于黄色和蓝色之间,是冷暖色之间的过渡色。绿色既有偏向黄色、温暖的黄绿色,也有偏向青色、高冷的蓝绿色,因此它非常灵活,可以与各种颜色搭配,产生不同的感觉,起到平衡和协调的作用。绿色在日常生活中得到了广泛的应用,例如被用在安全出口的标识以及代表可以通行的交通信号灯上。然而,对绿色的饱和度需要适当控制,因为高饱和度的绿色会使人兴奋并引起注意。绿色在设计中是一种平静和稳定的色调,通常被用于表现健康、自然和财富。在 UI 设计中,绿色通常被用于表示稳定和可靠性,如图 4-23 所示。

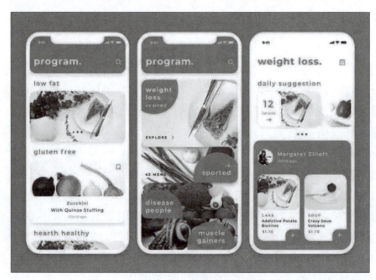

图 4-23 以绿色为主色调的界面设计

8. 蓝色

蓝色作为三原色之一,往往象征着永恒、幸福、冷静、自由、放松、睿智、商务和忠诚。在应用程序中,蓝色是最常用的颜色之一。蓝色是天空和大海的颜色,几乎没有人会对蓝色感到反感。深蓝色经常为其他性格活跃、表现力强的颜色提供一种深远、平静的平台,给人一种强大而又可靠的感觉。即使蓝色被淡化,它仍然具有很强的个性,给人清爽、自由的感觉,这种感觉还可以转化为信任,吸引人们使用。即使在蓝色中加入少量的其他颜色,也不会对蓝色的性格产生太大影响。蓝色有助于平和人的内心,使思维变得冷静。在UI设计中,蓝色通常被用于表示专业和可靠性,如图4-24所示。

图4-24 以蓝色为主色调的界面设计

9. 紫色

紫色是一种有着优雅、浪漫、高贵、时尚、神秘、梦幻和创造性等情感特点的颜色,同时也是儿童和具有创造力的人特别喜欢的颜色。紫色通过红色和蓝色混合而成,在色相环中位于红色和蓝色之间,是冷暖色的交汇点。紫色的明度是所有有彩色中最低的,与不同的颜色结合会展现出不同的风格特点。例如,紫色搭配粉色常用于女性化的产品;紫色与黄色的互补色搭配,能够营造一种强烈的对比和视觉冲击;紫色搭配黑色可能稍显沉闷和压抑;紫色与白色组合使紫色失去沉闷之感,从而展现充满女性魅力的效果。在UI设计中,紫色通常被用于表现创造力、独立和渴望,高端和奢华的设计元素,如图4-25所示。

总之,利用色彩所具有的情感特点,UI设计师可以更好地传达信息和情感,深入诠释用户需求。UI设计师应该根据特定的场景、用户需求和业务方向选择合适的配色方案,利用适当的UI元素呈现出具有吸引力的UI界面,同时也应强调平衡性,注重和谐,让用户真正感受到美感和艺术价值。

图 4-25 以紫色为主色调的界面设计

○ 任务实训

实训项目 5 "青游"App 情绪板制作

实训项目 5 任务工单.pdf　　　　**教学视频.mp4**

情绪板是商业项目制作中的一种工具，用于帮助设计师明确设计需求和指导方向。它通常要求参与者从日常的图片中挑选出符合特定情境或关键词的图片，并将这些图片放在一起。从传统意义上来说，情绪板的定义是指由设计前搜集的各种相关的色彩、图片或其他素材资料，它的主要目的是引起特定情绪反应，为设计方向或形式给予一定参考。它可以激发设计师对于配色方案、视觉风格、质感等方面的灵感，从而指导视觉设计的创作过程。

通过制作情绪板，设计师可以更好地理解项目的情感和表达需求，并将其转化为视觉元素和设计语言。情绪板不仅可以帮助设计团队在视觉上保持一致性，还可以作为与客户或团队沟通的重要工具,确保设计方向与预期目标相符。

简而言之,情绪板在商业项目中能够起到明确设计需求、提取配色方案和指导设计方向的作用。

实施步骤及方法

1. 寻找原生关键词

基于用户研究结果、品牌营销策略等方面的内容,通过头脑风暴法,明确项目原生关键词。可以在各教学平台采用词云图体现,如图4-26所示。

图4-26 "青游"应用原生关键词的词云图

2. 寻找衍生关键词

原生关键词一般会比较抽象,接下来需要对原生关键词进行具象发散与联想,可以按照视觉、心境、物化三个维度进行具体联想,进而剥离出更接近具体物象的衍生关键词。可以在各教学平台发起小组讨论实施,如图4-27所示。

序号	学号	姓名	学生回答
1	2167240...	白...	活力、自由、环保、节能
2	2167240...	...	学生、飞机、森林、绿色、火车、轮船、环保、漂亮、健康、公交车
3	2167240...	...	大学生 绿色 红色 个性 环保 节能 安全 树木 大自然
4	2167240...	...	年轻:校园、蓝色、活泼 旅游:景点、文化、火车 低碳:自行车、节能、环...
5	2167240...	...	低碳:环保、绿色出行、共享单车 年轻:青春、活力满满、未来可期 旅游:
6	2167240...	...	年轻、热情 青春 奋斗 旅游:景点 车票 计划 低碳:绿色 植物...
7	2167240...	...	太阳、健康、运动 草原、行李箱、自行车、步行、树木
8	2167240...	...	年轻:粉色 热情 开朗 旅游:蓝色 草原 开心...

图4-27 "青游"App主题衍生关键词拓展训练

3. 制作情绪板

将讨论出来的衍生关键词进行提炼整合,邀请用户、设计师或决策层参与素材收集工作,一段时间内收集与衍生关键词相关的图片素材,并将它们进行排版,形成情绪板。通常情况下,可以从日常接触的媒体中选取图片,如图4-28所示。

4. 确定情绪板调性

针对每组情绪板的收集情况,设计师可以进行定性访谈,了解参与者选择这些图片的原因,并挖掘更多背后的故事和细节,这样可以更好地了解参与者对图片的情感联想和理解。

图 4-28 "青游"App 主题情绪板

5. 确定品牌调性

将素材图按照关键词进行聚合,提取配色方案、肌理材质等特征。这些特征可以作为最后的视觉风格产品,可用于指导视觉方向,创造符合品牌和用户期望的视觉体验。

具体方法如下。

(1)将情绪板图片导入 Photoshop 中,使用"高斯模糊"滤镜,再使用颜色吸管吸取大色块。当然,现在已经有很多用户配色方案提取的网站和软件,这样更事半功倍,比如配色神器,可以到应用商店自行下载使用。

(2)在 Photoshop 中打开情绪板图片,单击"滤镜"→"模糊"→"高斯模糊",将半径设为 15 像素,用吸管工具吸取模糊后的大色块颜色,获得产品色彩调性,如图 4-29~图 4-31 所示。

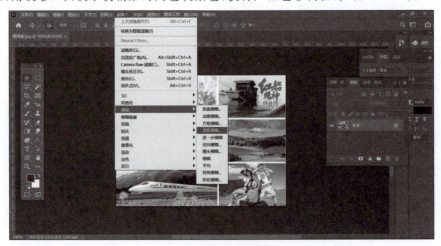

图 4-29 执行高斯模糊命令

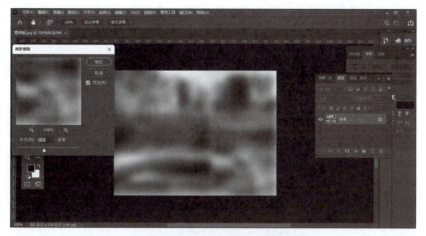

图 4-30　调整高斯模糊的半径值

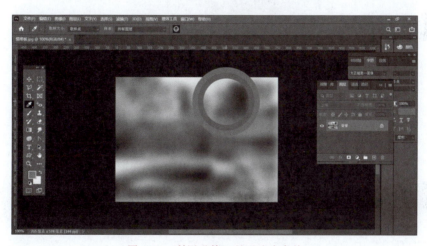

图 4-31　利用吸管工具吸取大色块

6. 品牌色输出

通过 Photoshop 大色块提色或配色神器等软件确定品牌色（主色）后，在 Photoshop 中对其进行 HSB（色相、饱和度、明度）全局色输出，注意输出时饱和度和明度的变化规律，根据品牌用色需要有规律地进行递增或递减，如图 4-32 所示。

品牌HSB全局色输出：

图 4-32　"青游"项目的品牌色输出

7. 确定辅助色

待品牌色确定后，开始确定辅助色，辅助色需要满足两个条件：一是应与品牌色有明显区分，避免所选辅助色在感官上与品牌色差距不大，调性太过一致；二是不能过于突兀，根据色彩原理,互补色是最能与品牌色产生视觉对比的颜色,但可能会有些突兀。为了让辅助色起到丰富画面的作用,而不是让整个界面显得突兀,所以最好应选择互补色的邻近色作为辅助色,避免直接使用互补色。

基于品牌色可衍生出三种辅助色,一种是与品牌色传递调性有明显区分的类似色,另外两种属于互补色的邻近色,具体方法如图 4-33 所示。

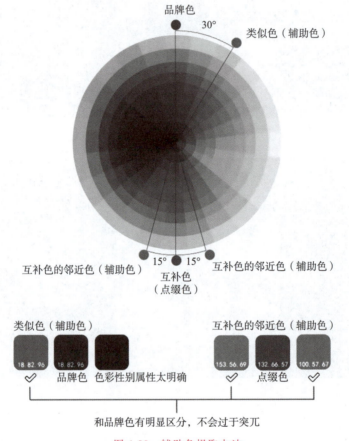

图 4-33　辅助色提取办法

8. 确定点缀色

当确定好品牌色与辅助色后,最后确定点缀色。点缀色是指在整体设计中用来增加亮点、突出重点或增添趣味性的颜色。它可以用来平衡整体色彩、提供对比、引起注意、创造视觉层次。一般会选择品牌色的互补色来充当点缀色,当然也不是绝对的,需要全面考虑色彩搭配原则和设计目的。

> **小贴士**
>
> 　　一般来说,界面中的品牌色、辅助色和点缀色的分布遵循一定的规律,其黄金面积比例为 70∶25∶5,即品牌色占总界面面积的 70%,辅助色占总界面面积的 25%,点缀色占总界面面积的 5%。

9. 视觉统一感官校准

每一种颜色都有自己的"感官明度",也就是发光度。根据现有的使用场景,类似色和互补色的邻近色大都用在同层级的信息展示上,而我们将最终得到的辅助色摆放在一起之后发现,虽然提取出的辅助明度色值都一致,但由于颜色本身自带的感官明度属性有所区别,所以导致视觉上会有明显的明暗差别,因此才需要通过发光度来进行最终的颜色校准。

校准方式:依次在辅助色上叠加一层纯黑图层,在 Photoshop 中将该纯黑图层的颜色模式调整为 Hue(色相),就可以得到无彩色系下的明度值,进行对比调整,使颜色与视觉感官保持一致即可,如图 4-34 所示。

图 4-34 "青游"App 辅助色视觉感官校准

10. 全色系输出

根据上面同色系的明度与饱和度对比规则,对所有定义的品牌色、辅助色进行明度和饱和度的输出,最终得到全色系输出。具体办法是:色相(H)保持一致,通过改变饱和度(S)与明度(B)产生色组。分别往浅色、深色方向按数据进行递增和递减,各产生若干个不同 HSB 值的色组,如图 4-35 所示。

图 4-35 "青游"App 全色系输出

如图 4-35 所示,最好删除最左侧的两种或三种同色系颜色,因为当明度过低时,这些颜色已经非常接近于黑色,色相在感官上几乎已经趋于一致,没有存在的意义。最终,得到基于品牌色推导出的全色系色板。

11. 品牌色介绍

最后要对这些通过情绪板提炼出来的规范色进行解释说明,直观地表达设计师对项目主题的理解,更好地向需求方诠释品牌特性,具体样式如图 4-36 和图 4-37 所示。

"青游"App项目色彩介绍：

红色：革命、激情、奔放、热烈
橙色：收获、温暖、活跃、积极
青色：行动、坚强、希望、信赖
绿色：环保、青春、成长、安全

图 4-36 "青游"App 品牌色介绍

品牌色：

辅助色：

辅助色：

辅助色：

图 4-37 "青游"App 全色系输出最终稿

○ 学习评估

专业能力	评 估 指 标	自测等级
熟知色彩三个基本属性	能够清晰描述色彩三个基本属性	□熟练 □一般 □困难
熟知各色彩的情感特点	能够在设计中灵活运用各色彩的情感特点	□熟练 □一般 □困难
理解情绪板的意义	能够用语言清晰地描述其概念	□熟练 □一般 □困难
掌握情绪板制作流程	能够根据项目需求梳理出主题关键词	□熟练 □一般 □困难
	能够将原生关键词转化为衍生关键词	□熟练 □一般 □困难
	能够对情绪板进行合理排版	□熟练 □一般 □困难
	能够利用色相环原理确定辅助色和点缀色	□熟练 □一般 □困难
	能够利用 Photoshop 或 Illustrator 等技术手段对品牌色、辅助色、点缀色进行规范输出	□熟练 □一般 □困难

○ 学习小结

配色常常从确定品牌色（主要颜色）开始，根据行业类型和视觉诉求的需要，建立情绪板，使用大色块提色法选择一种居于支配的色彩作为主色调，构成画面的整体色彩倾向。然后选择辅助色，添加点缀色，最后按照色彩搭配原则达成设计需求。

虽然有了项目五的配色方式,但一套标准的色彩系统还会包含中性色规范、颜色的使用规范等。解决了大部分的需求,剩下的工作就简单多了。以上方式只是提供了一种理性科学的方法,如果想要更加优秀,还需要进一步深入地去学习色彩理论知识,多看一些优秀的配色作品来提升自我的审美水平。总之,要多看、多实践和多思考。

○ 拓展训练

扫描二维码获取项目5任务工单,并按照工单要求,以组为单位进行项目情绪板的制作与色彩规范输出。

4.4 图标设计及风格

图标是一种极为常见的视觉元素,比如公共场所的公共标识、VI中的Logo、移动设备中的各种按钮等。图标简洁而富有代表性,具有高度浓缩性,能快捷传达信息,表达某一特定概念,同时也便于记忆。

在UI设计中,图标能够直观地传达信息,提示用户进行操作,并为界面增添美感。因此,图标的设计需要兼顾美观与实用性的需求,以引导用户顺畅地使用产品。

人类进入计算机时代后,从20世纪80年代的施乐公司研发的计算机界面中的单色图标开始,图标就开始出现在屏幕之中。相比于编程语言,图标更容易被大众理解。随后,从iMac到iPhone引领的拟物化图标开启了一个绚丽的图标设计时代。然而,拟物化图标的盛行也带来了一些问题,即拟物化图标的质感和光影效果会吸引用户的注意力,形成所谓的"视觉噪声"。因此,UI设计师开始探索新的表现形式来设计图标。扁平化图标似乎是一种不错的选择,为此人们进行了多次尝试。例如,微软创制了Metro风格,而谷歌则引领了扁平设计风格中的长投影风格的发展。然而,这些尝试由于过于抽象和缺乏情感传递而没有获得用户的青睐。现在,图标普遍采用一种"轻拟物"或"微扁平"的风格。在较小的区域中,往往使用扁平化图标或线性图标;在较大的区域中,则常会使用带有渐变或轻微质感的图标。这种设计风格既带有扁平化风格的简洁性,也在一定程度上具有拟物效果,因而不仅满足了用户对清晰简洁的需求,又能产生更好的吸引力和可视性。

4.4.1 图标设计分类

UI设计中的图标分为带有品牌属性的产品图标和具有功能提示作用的系统图标。

1. 产品图标

产品图标又名启动图标,是指用户在手机桌面或应用列表中看到的小图标,用于表示和识别某项应用程序。在设计界面时,产品图标扮演着展现品牌调性和特性的重要角色。通过产品图标,用户可以初步了解产品的主要功能。例如,微信的产品图标是两个对话气泡,暗示它是一款社交类App;学习强国的产品图标是利用毛体的"学习"二字组合,同时利用中国红色为主色调,暗示它是一款学习类App;KEEP的图标中字母K的形状非常像一个正在抬腿运动的人,暗示它是一款体育运动类App。通过这些图标,用户可以直观地感受到产品的定位和用途。

同时,一些产品也会借助已经在用户心中建立的品牌形象来直接设计产品图标。比如,淘宝App的产品图标就是一个简单的"淘"字,而支付宝的产品图标则是一个"支"字。优秀的产品图标能够在用户心中留下深刻的印象,当用户看到这些图形和配色时,立刻能够联想到它们的功能和特点。

产品图标不仅仅出现在手机屏幕上作为启动图标,也会在闪屏、情感化设计、"关于我们"界面等场景中出现。因此,产品图标设计还需要具备一定的灵活性,能够适应不同的设计场景和传达特定的情感效果。

产品图标有许多不同的风格,它们可分为拟物化与扁平化,也可以用具象或抽象加以区分。设计师通过不同的设计风格,极力使作品标新立异,力图让用户记住进而喜欢上它。所以,产品图标的美观与可识别性,正是设计师所面对的非常重要的任务。

目前,产品图标的风格有:文字风格、正负形与隐喻风格、折纸风格、填充图标风格、线性风格、Lowpoly风格、微渐变风格、卡通风格等。下面就将逐一介绍它们。

1)文字风格

文字是传递信息最直接且不容易被曲解的方式之一。因此,许多国内产品选择使用文字作为自己的产品图标。例如学习强国、支付宝、淘宝、今日头条、爱奇艺、知乎、美拍等。然而,这种做法也存在一些问题。与图形相比,文字无法带来与之相等的美感,因为文字需要被阅读而不是被观察。此外,移动设备的启动图标通常会添加一行辅助文字。如果图标上的文字与下方的辅助文字完全相同,就会给人一种重复介绍的感觉。如果决定使用文字作为产品图标,尤其是中文的话,记得最好选择一两个字即可,并且避免使用产品的全称。如果是英文,最好使用首字母而不是完整的产品名称。同时,不论是中文还是英文,都需要选择气质合适的字体,并进行适当的变化和设计,如图4-38所示。

学习强国:作为一款综合学习类App,采用毛体"学习"二字构成,App属性不言而喻,极具号召力。

今日头条：是一款新闻类 App。图标设计得非常直白，仿佛白色的报纸上印有红色作底的头条标题，"头条"两个字使用了非常粗的黑体字，十分显眼。

淘宝：采用了一个俏皮的"淘"字作为图标设计的主要元素，并且使用了令人兴奋和刺激的橙色，凸显电商属性。

图 4-38　以文字风格为主的产品图标

2）正负形与隐喻风格

图标可以利用正负形和具有隐喻的元素进行设计，从而可使其更具吸引力，引人注目。以抖音为例，乍看上去，它的产品图标是一枚音乐符号，但仔细观察就会发现，下方圆形的负空间也形成了另一个音乐符号，这就使得整个设计非常巧妙。为了增加动感效果，设计师还加入了红色和蓝绿色的类似于 3D 效果的元素，进一步突出图标的动感和视觉效果。这样的设计巧妙地结合了图形的形状和负空间，给人以视觉上的愉悦和奇妙感受。KEEP 的产品图标是一个 K，同时也是一个人抬腿锻炼的图形。Skillshare 是一个技能交换平台。它的产品图标呈现了两个手的形象，宛如太极一般交换着技能。同时，这个图标也代表了该产品的首字母 S。这样的设计巧妙地将技能交换的概念与平台的名称和标识相结合，给人一种直观而有趣的视觉体验，如图 4-39 所示。

图 4-39　以正负形与隐喻风格为主的产品图标

3）折纸风格

折纸效果可以给人一种立体感，因此很多产品选择使用折纸效果（相对扁平的方式）来设计图标。折纸效果可以给产品图标增加一种独特的艺术感和层次感。通过使用阴影、色彩渐变和几何变化等手法，可以模拟出纸张被折叠的效果，从而让图标看起来更加生动和有趣。这种设计手法不仅令产品图标与众不同，还能吸引用户的注意力并提升品牌的可识别度。折纸效果的图标设计既能传达出简洁和现代感，又能带来一种趣味和独特的视觉体验。常见的一些采用折纸风格的产品图标如图 4-40 所示。

图 4-40　以折纸风格为主的产品图标

4）填充图标风格

填充图标风格是非常适合产品图标的设计选择。填充图标风格具有简洁和高度的可识别性的特点。这种风格的图标在视觉上清晰明了，能够快速传达出所代表的含义。填充图标风格的另一个优势在于其良好的可扩展性。在特殊的节日或场合，可以通过手绘、拼贴等形式添加辅助图形，以丰富和定制化图标的外观。这种灵活性使得填充图标风格受到很多公司的喜爱。常见的一些以填充图标风格为主的产品图标如图 4-41 所示。

图 4-41　以填充图标风格为主的产品图标

5）线性风格

由于当前的设计流行趋势，许多产品图标选择了扁平化风格。除了填充图标外，线性风格也是一种非常流行的选择。然而，在采用线性风格时，需要注意不要将线条设计得过于细小。线性风格的图标在手机和计算机等不同的显示环境下可能会出现尺寸变小的情况。如果线条过于细小，可能在手机上看会让人感觉尖锐，容易影响用户的点击体验。因此，在设计线性风格的图标时，建议使用粗细较为适中的线条，以确保在各种显示设备环境下都能够保持良好的可视性和可点击性。线性风格作为一种流行的设计风格，常见的一些产品图标如图 4-42 所示。

图 4-42　以线性风格为主的产品图标

6）Lowpoly 风格

Lowpoly（低多边形）风格以其独特的视觉效果备受时下设计师的追捧。这种风格通过将物体简化为多边形面的形式，创造出一种既抽象又现代的感觉。这种风格通常使用明亮的色彩和平面化的几何形状，呈现出一种简约而有趣的外观。它们的特点是由许多小的多边形组成，这些多边形的尺寸既可以相同，也可以不同，可根据设计的需求进行调整。当然 Lowpoly 也有它的问题，比如容易让图标失去细节等，所以很多产品图标都是使用 Lowpoly 作为图形的背景。常见的一些采用该风格的产品图标如图 4-43 所示。

图 4-43　以 Lowpoly 风格为主的产品图标

7）微渐变风格

微渐变风格在图标设计中也非常流行，它通过在图标的不同区域中添加轻微的颜色过渡，创造出一种柔和且逐渐变化的效果，使图标具有层次感和立体感。微渐变作为一种表现手法，在众多图标设计风格中越来越具有竞争力。在拟物化风格被扁平化风格替代后，设计师尴尬地发现扁平化设计无法表达物体的空间层次感时，于是微渐变就成为一种流行的选择，用于表现图像的深度。它能够为图标带来细腻的视觉效果，因此无论是在应用程序、品牌标识还是其他图形设计中，微渐变风格都被广泛采纳。常见的采用微渐变风格的产品图标如图4-44所示。

图4-44　以微渐变风格为主的产品图标

8）卡通风格

卡通风格的产品图标可以提升用户对产品的好感度，因此为产品设计一位可爱的卡通角色无疑是很好的想法。尽管有些决策者可能会认为卡通风格更适合年轻用户，但事实上，卡通风格是老少皆宜的。

正如腾讯的企鹅图标，品牌形象的成功构建，可以使卡通形象成为一个有力的标志性形象。卡通风格有许多不同的变化，例如拟物类的卡通和扁平类的卡通，它们都可以给人不同的感觉，让人产生不同的情绪。因此，如果要在产品中使用卡通风格的图标，最好根据目标用户群的喜好来确定卡通形象的风格。不同年龄段的用户可能对卡通风格有不同的偏好，所以了解目标用户并根据他们的喜好来设计，将会使卡通形象更有针对性和吸引力。设计卡通风格的图标时，要注意以下设计特点：简化的形状、夸张的表情和动作、鲜艳的色彩，以及具有故事性和可视化的元素。它们广泛应用于各种应用程序、游戏和品牌标识中，为用户带来趣味和活力的视觉体验。常见的一些采用卡通风格的产品图标如图4-45所示。

图4-45　以卡通风格为主的产品图标

2. 系统图标

系统图标是指操作系统或应用程序界面中使用的图标，主要用于表示各种功能、应用或操作。这些图标通常位于操作系统的任务栏、菜单栏、桌面或应用程序的界面上，以帮助用户识别和访问特定的功能。比如微信底部那4个系统图标（"微信""通讯录""发现""我"）就使用了比较简洁的线性风格。

系统图标的设计不一定要做得中规矩,完全可以采用多彩的颜色和不同的造型,使其显得活泼而有趣,比如58同城App中的系统图标,它们在保持可识别性的同时,使用了丰富多样的颜色和形状,使用户感到愉悦和生动。

确保系统图标的可识别性是设计中的重要因素。无论采用何种风格和样式,系统图标应该清晰、简洁,并能够迅速传达功能或含义。多样化的造型和有趣的颜色可以增加用户对图标的关注度,使图标在界面中更加突出和易于识别。当然,在设计系统图标时,要坚持一致性和统一性,确保整个界面的统一性和用户体验的连贯性。图标的风格和颜色应该与应用程序的整体风格和品牌形象相协调,避免过于杂乱或让用户感到困惑。

目前系统图标的风格有:线性图标、填充图标、圆角图标、尖角图标、断线图标、双调图标、动态图标等。

1)线性图标

线性图标是一种由线条组成的图标,在系统图标中通常使用统一粗细的线条。使用统一粗细的线条有几个原因。首先,系统图标通常是成组使用的,比如微信底部的4个选项卡图标或网易云音乐顶部导航栏的图标等。在同一个场景下的几个同等重要的图标,如果线条粗细不一致,会给用户传达出它们在权重上存在差异的感觉。为了保持一致性和视觉平衡,线性图标通常会使用统一粗细的线条,使它们在设计上更具统一性。其次,统一粗细的线条有助于视觉的整齐和清晰。如果线条粗细不一致,图标可能会显得杂乱和不协调,使用户难以辨认和理解其含义。通过使用统一的粗细,线性图标能够保持清晰、简洁和易于识别的特点。最后,统一线条粗细也有助于提高图标的可伸缩性。统一粗细的线条可以使图标在不同尺寸和分辨率的屏幕上保持一致的外观和可读性,无论是在大屏幕上还是小屏幕上,用户都可以轻松地辨认和操作图标。因此,在绘制线性图标时,使用统一粗细的线条可以保持设计的一致性、清晰性和可伸缩性,有助于提供更好的用户体验,并使图标在系统界面中更加和谐统一。常见的一些线性图标如图4-46所示。

图 4-46 线性图标

2)填充图标

填充图标是以面的形式来表现的图标,通过使用填充的面来区分和表示不同的功能和选项,与线性图标相比,填充图标更加醒目和易于识别。例如,在微信的底部选项卡中,未选中的图标通常采用线性图标的形式,而选中的图标则采用填充图标,并使用鲜亮的颜色来暗示用户该功能已被选中。

通过填充图标,用户可以借由颜色和形状的变化来区分不同的功能状态,从而增强对图标的点击感知。苹果公司在其用户界面设计规范中也推荐开发者使用填充图标来提供更好的用户体验。填充图标的一些具体样式如图4-47所示。

图 4-47 填充图标

3）圆角图标

无论是线性图标还是填充图标，只要在图标的边角处使用圆角，就都属于圆角图标的风格。圆角图标的设计风格可以给人一种温润、柔和的感觉，并且在点击时也能够提供更舒适的体验。这是目前比较流行的一种图标设计风格，在视觉和交互方面都具备优势，能够提供更好的用户体验，因此许多产品都选择采用圆角图标来增强界面的友好性和亲切感。圆角图标的一些常见样式如图 4-48 所示。

图 4-48 圆角图标

4）尖角图标

无论是线性图标还是填充图标，如果在图标的边角处使用尖角，就构成了尖角图标风格。尖角图标的设计特点是有棱角，视觉上会吸引更多的注意力，并且给人一种正式、严谨的感觉。因此，这种风格在银行、办公等应用程序中常被使用，能够增强应用程序的专业性和正式感。尖角图标的一些常见样式如图 4-49 所示。

图 4-49 尖角图标

5）断线图标

如果觉得线性图标看起来过于单一刻板，就可以通过使用断线图标来使其变得更加俏皮有趣。断线图标是线性图标的一种变体，其特点是在线条中出现断口。然而，要注意断口的设计需要遵循一些规则以确保图标的可识别性和美观。首先，断线图标应该只有一个明显的断口。如果有过多的断口，图标可能会变得难以辨认，失去其设计意图。因此，在设计断线图标时，应确保断口数量控制在一个，以保持图标的简洁和可识别性。其次,断线图标的断口位置不应该位于图标的中心线上。中心线是图标的主要视觉轴线,将断口放在中心线上可能会导致图标看起来不平衡,失去整体的和谐感。相反,断口应该放置在转折点或适当的位置,以保持图标的流畅性和视觉连贯性。最后,断线设计应该避免过于琐碎。过多的细碎断线可能会让图标看起来杂乱和复杂,降低其可读性和美观性。因此,断线设计应该着重保持简洁和清晰,使断口的存在能够增加图标的趣味性和个性化,而不至于使图标过于烦琐。断线图标的一些常见样式如图 4-50 所示。

图 4-50　断线图标

6）双调图标

如果简单地将图标分为线性图标和填充图标,可能会有些单调,特别是在设计 iOS 平台的应用程序时,如果底部标签栏只是简单地使用线性图标和填充图标来表示选中和未选中状态,会缺乏创意和吸引力。为了解决这个问题,双调图标的设计风格应运而生。双调图标的设计风格是保持线性图标的外形不变,在图标的内部空间使用透明度较高的同类色进行填充。这样的设计使图标显得更加俏皮可爱,并且给人一种清爽、透气的感觉。通过使用透明度较高的同类色进行填充,双调图标既能够保持线性图标的简洁性和清晰性,又增加了一些趣味和个性。这种设计风格可以赋予应用程序别具一格的视觉风格,并且在用户界面中具有一定的吸引力。双调图标在 iOS 设计中经常被使用,它为应用程序提供了一种不同于传统线性和填充图标的设计选择。这种图标设计让应用程序更具个性和创意,让用户感受到更加轻松和愉快的界面体验。双调图标的一些常见样式如图 4-51 所示。

图 4-51　双调图标

7）动态图标

动态图标是非常有趣的,它们可以为应用程序注入活力和新鲜感。如果静态图标无法完全满足用户的期待,给图标增加动效是一种很好的设计选择。如 QQ 中的底部选项卡图标,当用户单击其中一个图标时,其他图标会"偷窥"选中动态图标的方向。而在站酷应用中,这个过程会配以几毫秒的动画。这样的设计巧妙地调动了用户的好奇心,使用户在操作图标时能够获得更加有趣的互动体验。

除了底部选项卡,许多应用程序还使用了类似的动效设计。比如,点击能够触发导航的"汉堡包图标",在点击时会有一个从导航图标变成返回图标的动画效果。这样的设计不仅提供了视觉上的变化,也为用户呈现了更加丰富和生动的界面交互。这种设计手法对于提高用户满意度、促进用户参与和提升应用程序的吸引力具有重要意义。

4.4.2 图标设计原则

在 UI 图标设计中,有几个重要的原则可以指导设计师创作出功能性强、美观大方的图标。以下是一些常见的 UI 图标设计原则。

(1) 简洁性:图标应该尽可能简洁明了,去除不必要的细节和复杂性,以便用户一目了然地理解其含义。

(2) 一致性:图标应该符合整体设计风格和应用程序的视觉规范。保持图标在形状、线条样式、颜色等方面的一致性,使其能够与其他 UI 元素相互呼应。

(3) 可识别性:图标的形状和元素应该能够被用户快速、准确地识别,并与相应的功能或含义相对应。应尽量使用常见的符号、图形或视觉元素,确保图标的语义能够被用户理解并接受。

(4) 易于触摸:如果图标用于触摸屏幕设备上,如移动应用的图标,应确保图标拥有足够的大小和形状,并且容易被用户点击。这可以提高用户操作的精准度和效率。

(5) 可扩展性:图标的设计应考虑到不同尺寸和分辨率的屏幕设备。图标应该能够在各种尺寸和分辨率下都能保持清晰、可读和易于识别。

(6) 与品牌一致:UI 图标应与品牌的整体识别风格一致。使用品牌色彩、字体和形象等元素,以确保图标能够与品牌形象和用户体验保持一致。

(7) 反映功能:图标设计应能够直观地反映它们所代表的功能或操作。通过使用相应的符号、图形或可视化元素,确保图标能够在用户界面中精确地传达其功能和用途。

(8) 考虑可视化效果:根据特定的应用情景和设计需求,可以适当运用渐变、投影、阴影、动画等视觉效果,以增强图标的吸引力和美感。但要注意不要过度使用,以免分散用户的注意力。

这些原则可以作为设计师在 UI 图标设计过程中的指导,帮助他们创作出具有功能性、美观性和可用性的优秀 UI 图标。

4.4.3 图标设计方法

图标是一种工具、符号和沟通手段。图标设计得精确与精致,能够提升移动端应用的吸引力。以下是一些制作图标的常见做法。

(1) 最理想的图标设计是使用常见的、具有约定俗成特性的符号、图像。设计师可以根据自己的经验,理解功能需求,确立符号图像,也可以在搜索引擎中查找自身设计思路的相关含义,收集大量词语到图形之间转化的视觉元素,表达功能信息。最好能贴近用户的心理模型,用常见的视觉元素来表达所要传达的信息,例如,音乐符号图形、放大镜图形就经常在音乐类、查询类应用的图标中出现。

（2）使用原意的图像，包括图像代表的主要概念或与抽象事物共享的相同概念。例如，打印机的形象代表印刷概念，购物车的形象代表购物行为等。

（3）使用隐喻形象。在图标设计中隐喻是必要的思维方法，特别是在对抽象事物进行理解和表述的过程中起到了重要作用。在具体设计中，设计师要对抽象概念先进行描述，然后提取关键词，再使用字典或网络来检测关键词与抽象概念间是否具有同一性。确定关键词后，找出物与所指之间的内在含义，就需要丰富的联想能力，例如，从音乐这个概念，可以联想到钢琴，由钢琴可以联想到乐谱，由乐谱想到音乐符号。那么音乐符号的图形就是音乐这一抽象概念的隐喻形象。

（4）有些图标的视觉表达非常简洁，只有平面二维图形或黑色的轮廓；有些图标的视觉表达就很复杂，呈现多种平面造型元素的组合，例如一个或多个线性和径向渐变颜色、投射阴影、轮廓阴影和三维透视效果等。在确定了图标的形状、颜色、风格等要素后，再一步步地添加细节，并且绘制时应细致用心。首先，功能图标需要能够在不同屏幕尺寸和分辨率情况下显示清楚并且易于辨认，它的外形应该采用简洁的线条且没有过多的细节，在图标集中能够清晰可辨。其次，如果是产品图标，图标色彩应力求明快多彩，但色彩数量不可太多太杂，只要能使图标在显示屏幕中可以与背景对比明显，可被用户立即识别就好。最后，作为象征性图形，图标最好能脱离任何单一的语言，因为针对国际市场，图标应具有非语言性，这也是图标设计中应要考虑的主要因素。

（5）将完成的图标设计作品放在移动设备上进行视觉测试，要确保自己的图标设计作品始终能吸引用户的眼球，不易和其他图标混淆。因此，这就要求在应用上线前，设计师需要在多种使用场景中对图标进行测试。

○ 任务实训

实训项目 6　"青游"App 产品图标设计与制作

实训项目 6 任务工单.pdf　　　　教学视频.mp4

效果展示：如图 4-52 所示。

图 4-52　"青游"App 启动图标

产品图标又称启动图标,通常放置在手机的主屏幕或应用程序抽屉中,以方便用户快速访问应用程序。它也是应用程序品牌和功能的重要的视觉表达形式和对外连接的窗口。

实施步骤及方法

1. 打开情绪板,感受调性

调出上一个项目:"青游"App 情绪板。感受产品的调性,从中获取一些形状和色彩上的灵感作为产品图标设计的主要创作源泉,如图 4-53 所示。

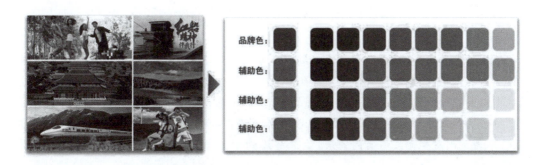

图 4-53 "青游"App 情绪板及规范色彩

通过情绪板,不难发现,图片呈现的整体构图感觉较均衡对称,但又不失轻松活跃,风格大气磅礴,色彩以暖色居多,中国红又比较符合国人的喜好。在形式与色彩上,情绪板已经提供了最基本的设计方向。

2. 结合需求,明确语义

设计师与用户和团队沟通,确保对图标的需求有清晰的理解,如图 4-54 所示。

图 4-54 "青游"App 的启动图标设计需求

3. 研究参考,确定风格

根据产品的竞品分析(相关行业的类似应用或产品,了解现有的图标设计风格和趋势)以及用户画像,寻找相关灵感,或根据目前项目情绪板延展出来的产品调性,初步确定风格。

结合主题,大学生国内游,在游览祖国大好河山的同时,拍照发圈大概是当下年轻人最喜欢做的事情,主题"青"又有多重意义,青春、年青、青山绿水等,所以选择"青"字进行文字风格设计是不错的选择,结合这样的设计思路初步确定出启动图标的设计风格,如图 4-55 所示。

图 4-55 "青游"App 启动图标的初步创意

4. 创意草图，提取造型

根据需求和研究结果，开始初步绘制创意草图。可以使用纸笔或设计软件进行绘制，尝试不同的形状、线条和排版等元素的组合。

山川河流的曲线结合图片图标的简图，形成一个全新的圆润的图标，这个图标恰恰与"青"字的下半部分有异曲同工之处，结合替换，将"青"字整体进行圆润化处理，统一中求变化，从而达到对称而又均衡的效果，如图 4-56 所示。

图 4-56 "青游"应用的启动图标创意草图

5. 依据规范，执行设计

使用专业的设计软件或矢量图形编辑工具创建可缩放的矢量图标，并进行样式和细节的调整，确保图标在不同尺寸规范和分辨率下的可视性和可辨识性，如图 4-57 所示。

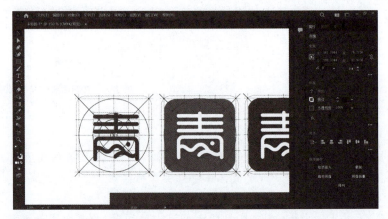

图 4-57 "青游"应用的启动图标的规范输出

6. 对接用户，进行调整

将图标设计展示给用户或团队，并接受反馈意见。根据反馈进行必要的调整和修改，确保图标符合用户或团队的期望和需求。

7. 对标规范,资源输出

完成图标的最终设计和制作。根据不同的平台和设备要求,导出不同尺寸和格式的图标文件。目前,常用的图标格式分为矢量格式与位图格式两大类。矢量格式最常用的是 SVG 格式,该格式文件缩放无损、体积小、支持前端样式修改参数、单色情况下方便前端修改颜色来表达图标状态,减少重复上传。常用的位图格式则包括:PNG 格式,它支持透明背景;JPG 格式,其兼容性强,适合大尺寸高饱和度图像;GIF 格式,通常用于动态图标,缺点是透明情况下边缘容易出现锯齿。

8. 整理打包,文档交付

将设计好的图标整理成文档,包括图标的用途、规范和使用指南等信息。最终,将图标文件交付给开发团队或相关人员,确保能准确无误地嵌入 App。

○ 学习评估

专业能力	评估指标	自测等级
熟知图标设计基本知识	能够通过案例有效区分产品图标与系统图标的不同之处	□熟练 □一般 □困难
	能够用语言阐述产品图标的 8 种风格特点	□熟练 □一般 □困难
	能够用语言阐述系统图标的 7 种风格特点	□熟练 □一般 □困难
	能够清晰描述出图标设计的若干原则	□熟练 □一般 □困难
	能够清晰描述出图标设计的常用方法	□熟练 □一般 □困难
掌握图标设计实践技巧	能够通过产品的情绪板,感受产品的调性	□熟练 □一般 □困难
	能够多角度分解客户的设计需求	□熟练 □一般 □困难
	具有将抽象概念转换为具象图形的思维技能	□熟练 □一般 □困难
	能够利用相关软件实现想法和创意	□熟练 □一般 □困难
	能够对标图标规范,规范输出产品图标	□熟练 □一般 □困难

○ 学习小结

○ 拓展训练

扫描二维码获取实训项目 6 任务工单,并按照工单要求以个人为单位进行项目启动图标的设计与制作。

4.5 引导页

何为引导页？它在移动交互中具有何种地位或作用呢？

当点击某个启动图标后，意味着开启一段全新的体验旅程，随即进入启动页，启动页是应用每次冷启动过程中展示给用户的一个过渡页面。如果是首次登录，则进入引导页，它将引导用户了解及使用该产品。如果不是首次登录，则进入闪屏页，随即进入首页，如图4-58所示。

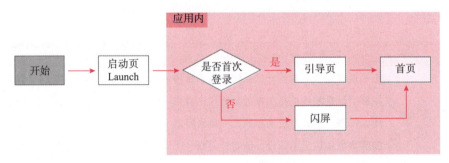

图4-58　启动页、引导页、闪屏页的关系

App的启动页、闪屏页、引导页的设计作用是减缓用户在打开应用时等待的焦虑情绪。这三者有着密切的联系，所以容易让人产生误解和混淆，下面就来全面地进行剖析。

启动页通常是一张背景图片，用户无法与之交互，不可点击且不可跳过，展示时间不可控，有点类似图书装帧里面的扉页。要注意避免包含太多文字字符，不要做广告，也不要太吸引用户的注意力。启动页应用图仅用一句话告诉用户产品的定位。启动页设计的三要素是：Logo、产品名称、产品定位。学习强国与支付宝的启动页如图4-59所示。

学习强国　　　支付宝

图4-59　学习强国与支付宝的启动页

闪屏页形似启动页,但拥有交互功能,通常用于展示营销活动广告图片并引导用户点击,可以增加用户对产品的黏性。但它的呈现时间较长,因此应允许用户点击跳过。闪屏页的最大特点是:在展示重要活动和资讯时,广告主可以通过后台查询推广数据,从而使广告投放更加精准。闪屏页设计的三要素是:Logo、图片内容、读秒跳过。淘宝与微博的闪屏页如图 4-60 所示。

淘宝

微博

图 4-60　淘宝与微博的闪屏页

引导页有助于用户认识产品,厘清重要功能入口,使用户快速上手,降低后续使用过程中的认知成本,同时也是产品提高用户转化率的重要手段之一,对较为复杂的产品来说至关重要,不容忽视。它是用户安装或更新后首次启动时展示的数个页面,常用于介绍应用的基本功能、核心概念、功能玩法、使用场景、核心变更等。引导页通常可以交互,通过左右滑动切换页面,最后一页有进入按钮。注意不要轻易使用引导页,以免影响用户的使用体验。为了降低用户反感程度,引导页数通常越少越好(小于 5 个),尽量提供"跳过"按钮。每页的大标题文案不要超过 10 个字,更多内容可以用小号文字进行辅助说明。引导页设计思想:宣传产品的核心功能与优势(该怎么使用?有什么亮点?)引导页的设计三要素是:图文、页码、按钮。典型的引导页(中小学智慧教育平台的引导页)如图 4-61 所示。

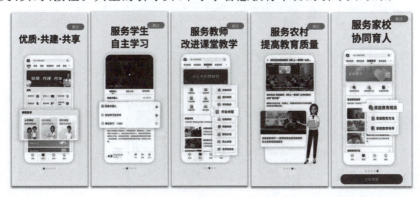

图 4-61　中小学智慧教育平台的引导页

4.5.1　引导页的风格与文案

在移动 UI 设计中,引导页可以采用不同的设计风格,以满足不同应用的需求和目标受众的喜好。以下是一些常见的引导页设计风格。

1. 功能介绍型

介绍产品的功能亮点或版本更新内容,设计简洁明了,文案通俗易懂,如图 4-62 所示。

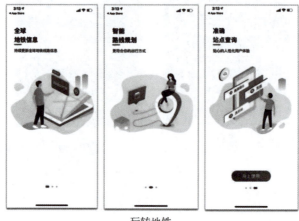

图 4-62　功能介绍型引导页

2. 情感带入型

情感是设计的利器,它能赋予毫无感情的互联网产品强大的生命力,消除人机界面交互的冰冷与枯燥,帮助用户和产品建立友好的联系。在设计引导页时,不妨加入拟人化的形象、深入人心的文案以及模拟现实世界的事物/事务,增加用户的使用黏性,做一个有温度的产品,拉近与用户间的距离。典型的情感带入型引导页如图 4-63 所示。

图 4-63　情感带入型引导页

3. 搞笑型

搞笑型引导页的设计特点是形象化与生动化,增强产品预热效果,给用户带来惊喜。

它是一种综合运用拟人化、交互化表达方式,扮角色,讲故事,根据目标用户特点来选择的一种引导页面。它让用户身临其境,心情愉悦。这种类型的引导页阅读量最高,不过由于拼的是设计效果,所以难度也比较高。典型的搞笑型引导页如图 4-64 所示。

图 4-64 搞笑型引导页

用户使用引导页学习产品的功能,过程本身是枯燥的,设计师可以根据产品的调性设计出趣味化的字体、插画,还可利用动画设计提升用户的使用体验。

4. 遮罩型

遮罩型引导页其实相当于把气泡引导样式进行了升级,区别在于页面上方增加了一个黑色半透明遮罩,被引导的下层内容则采用镂空设计,并在蒙版上配交互手势、文字信息或插图等内容进行辅助说明,用户需要手动单击"下一步/跳过/关闭"按钮方能操作其他内容,具体形式如图 4-65 所示。

图 4-65 遮罩型引导页

这种引导页的最大优势在于能让视觉聚焦于当前被指引的功能说明处,确保用户不会被其他信息所干扰。它通常是在下载或更新应用后的首次打开时出现,可显示一个或多个(顺序引导),信息传达的有效性很高。需要注意的是,内容介绍必须与所引导的位置处保持密切关系,关闭按钮明显且易于操作。当出现多个引导时,需同时提供"下一步""跳过"等按钮,因为不乏有一些老用户于二次下载或更新版本,他们根本不需要新手引导过程,如果每次都要经历同样的引导过程,对他们来说就是干扰。

引导页设计需要根据产品自身特性结合业务场景,在合适的时机,以最合理的方式呈现给用户,引导用户快速熟悉并使用产品。

> **小贴士**
>
> 遮罩的颜色(纯黑不透明度)最好使用浅色,需要用户在吸收指引内容的同时,能看到界面整体的结构样式,在引导结束后对操作路径有一定的印象,太深的遮罩不利于用户整体学习。

4.5.2 引导页的设计方法

引导页的设计方法有以下 5 种。

(1)图文结合:使用有关联性的图片,同样版式,如图 4-66 所示。

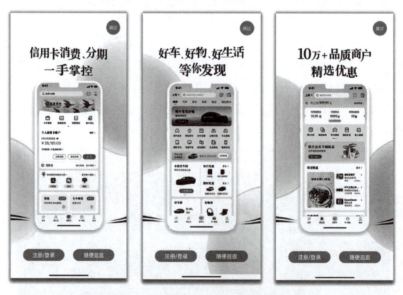

图 4-66 掌上生活 App 的引导页

(2)产品界面描述型:功能描述、辅助元素修饰,如图 4-67 所示。

(3)模拟应用场景:通过图文插画组合,形象地表现产品特色,如图 4-68 所示。

(4)吉祥物的运用:通过吉祥物地延展设计来深化品牌文化,如图 4-69 所示。

(5)带交互动效:在页面切换中加入动效设计,交互体验更加突出有趣。

图 4-67　中国农业银行 App 的引导页

图 4-68　央视频 App 的引导页

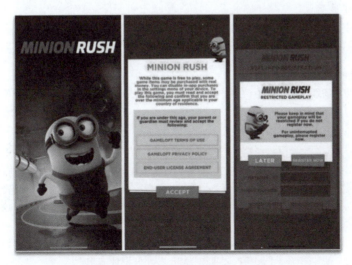

图 4-69　小黄人快跑 App 的引导页

○ 任务实训

实训项目 7 "青游"App 引导页设计与制作

实训项目 7 任务工单.pdf　　教学视频.mp4

效果展示：如图 4-70 所示。

图 4-70　"青游"App 的引导页

实施步骤及方法

1. 确定设计需求

与团队或用户沟通，确定关于引导页的设计需求，包括类型、风格、尺寸、颜色和交互形式等方面的要求，如图 4-71 所示。

图 4-71　"青游"App 引导页设计需求

2. 绘制草图

按照设计需求设想故事剧本、构图和风格等要素。作为模拟应用场景,思考要用什么风格的什么场景,讲什么故事,谁为主角,该怎么布局等要素。将这些思路初步用笔绘制出来,小组进行讨论,持续完善优化,如图4-72所示。

图4-72 "青游"App引导页草图

3. 收集素材

寻找与设计主题相关的高质量图片、图标、字体等素材。可以使用专业的设计软件如Photoshop或Illustrator进行编辑和优化。根据设计需求,使用插图的表现形式进行设计,这里使用Illustrator软件进行绘制,具体制作细节不做讲解,制作样式如图4-73所示。

图4-73 "青游"App引导页制作

4. 设计排版

根据设计需求,将素材进行合理的布局和排版。考虑到引导页的目的和信息传达效果,合理安排文字和图像的位置,如图4-74所示。

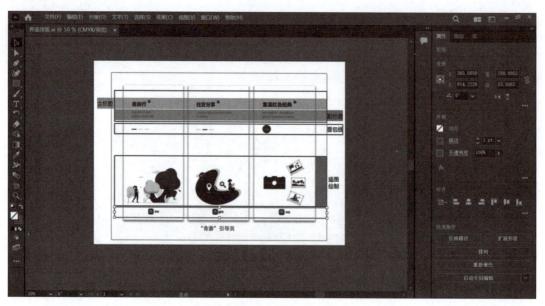

图 4-74 "青游"App 引导页排版

5. 输出和导出

保存设计文件并导出为适当的格式,通常常见的图片格式如 JPEG 或 PNG。

6. 添加轮播效果

借助交互软件,为引导页添加轮播动画效果,以增加视觉吸引力和用户体验。

(1) 打开 Axure 软件,设定站点地图名称,拉取"图像"元件进入工作区,双击"图像"元件区域替换出引导页第一页,调整大小到合适的视图,右击,选择"转换为动态面板",如图 4-75 所示。

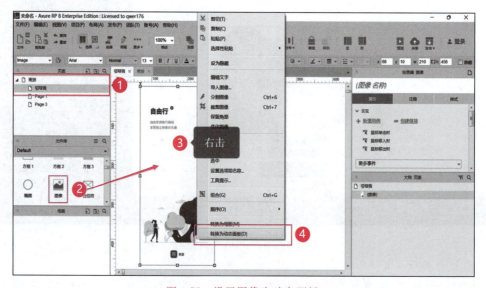

图 4-75 设置图像为动态面板

(2) 目前的图片不再是图片,而是一个动态面板,给这个动态面板命名为 ydy(名字自定,自己能记住即可),双击这个动态面板,打开动态面板状态管理器,单击＋按钮,添加状态 2 和状态 3,如图 4-76 所示。

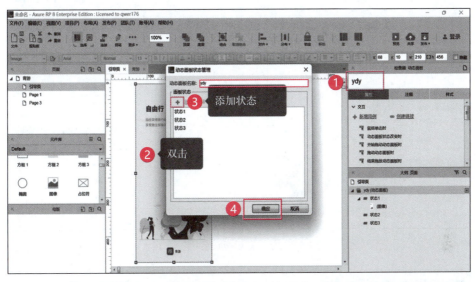

图 4-76　动态面板添加状态

(3) 分别双击状态 1、状态 2、状态 3,打开各自状态备用。进入状态 1 面板,复制状态 1 中的图片到状态 2、状态 3 中,再分别双击状态 2、状态 3 图片替换成对应的引导页第 2 页和第 3 页,这样做可以确保导进来的每一张图片都大小一致,如图 4-77 所示。

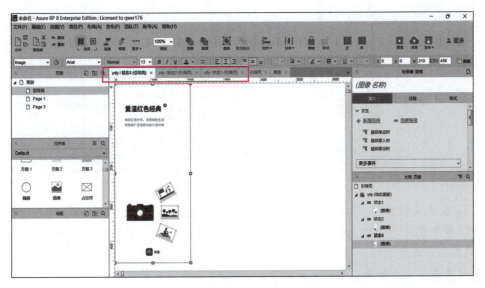

图 4-77　为各状态添加相应的引导页

(4) 添加交互:回到引导页的动态面板,设置"载入时"事件,单击检查器面板,选择"属性"→"交互"→"载入时",然后选择"设置面板状态"→"设置 ydy"→"下一个"→"3000 毫秒"→"向左滑动",按下"确定"后,按 F5 键预览,如图 4-78 和图 4-79 所示。

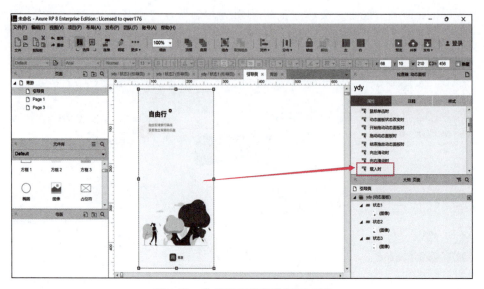

图 4-78 为动态面板设置"载入时"

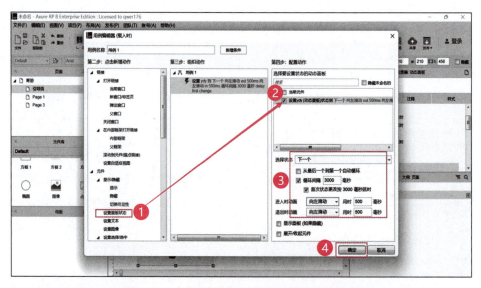

图 4-79 动态面板"载入时"的用例编辑器设定

(5)制作面包线:回到引导页,绘制面包线,如图 4-80 所示。第一个面包线应该为选中状态,颜色较深。将三个面包线全选,右击,将其继续转化为动态面板,并命名为 mbx,具体的操作方法和上面一样,分别添加面包线动态面板的状态 2、状态 3。在各自的状态中,分别设置第二个和第三个面包线选中后的样式,以备后续使用。

(6)在引导页中任意位置加入一个文本标签,并命名为 jl,用于记录以上两个动态面板的切换状态。如果不想在预览时看到文本标签,可勾选右上角的"隐藏"框,使其隐藏起来,如图 4-81 所示。

(7)交互事件:选择 ydy 动态面板,在右边的检查器面板中单击"属性",选中"动态面板状态改变时",在打开的用例编辑器中将文本设置为 jl,如图 4-82 所示。

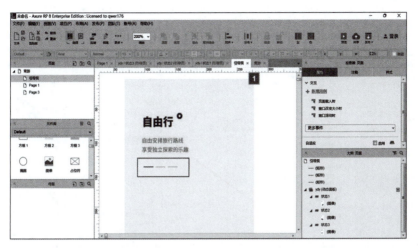

图 4-80　面包线样式

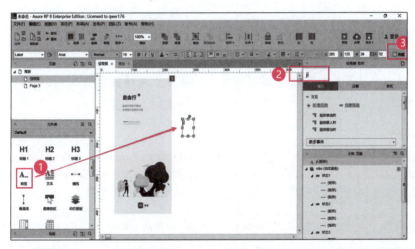

图 4-81　文本标签的设定

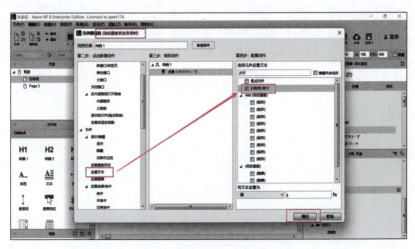

图 4-82　动态面板的交互设定

（8）接下来，继续选择"设置面板状态"，配置动作选中"设置mbx（动态面板）"→"下一个"，如图4-83所示，按下F5键预览效果。至此，引导页轮播交互效果最终完成。

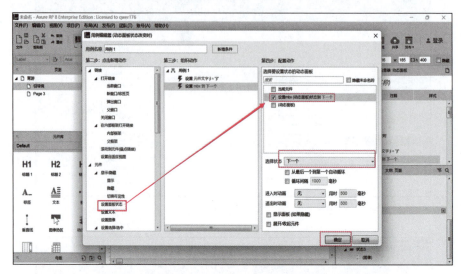

图4-83　引导页轮播效果设定

注意，以上步骤可能会因设计需求和操作工具的不同而有所变化，此处提供的只是一般的制作流程。

○ 学习评估

专业能力	评 估 指 标	自测等级
了解什么是引导页	能够用语言清晰描述出启动页、引导页、闪屏页的区别，以及它们各自的构成要素	□熟练 □一般 □困难
熟知引导页风格	根据引导页的不同风格，描述其不同的功能特点	□熟练 □一般 □困难
掌握引导页设计方法	能够用语言清晰描述出引导页不同的设计方法	□熟练 □一般 □困难
掌握引导页制作流程	能够与小组成员合作讨论，形成产品的设计需求	□熟练 □一般 □困难
	能够按照设计需求，绘制出引导页的基本草图	□熟练 □一般 □困难
	能够利用相关绘图软件对引导页进行精细化输出	□熟练 □一般 □困难
	能够利用交互软件实现引导页轮播交互效果的制作	□熟练 □一般 □困难

○ 学习小结

○ **拓展训练**

制作"青游"App 的启动页。

通过小组讨论,确定项目启动页的设计需求,并根据设计需求绘制出启动页的草图,每位组员上机进行精细化输出。

作业要求:
(1) 版面设计符合启动页设计逻辑;
(2) 风格与引导页风格匹配;
(3) 版面简洁明了,只包含 Logo、产品名称、产品定位;
(4) 不制作交互效果;
(5) 以个人为单位提交,保存输出源文件,文件格式采用 JPEG 或 PNG 格式皆可。

4.6 用户界面的形式美

爱美之心,人皆有之。艺术和设计的形成与发展是人们的一种文化和创造性的审美活动。目的是通过设计作品传递美的信息。任何艺术设计作品都离不开形式美,失去形式美就失去了作品魅力。

4.6.1 形式美在用户界面中的重要性

在 UI 设计中,形式美的重要性不容忽视。形式美是指用户界面元素的外观、布局和视觉效果的整体美感。它直接影响用户对界面的第一印象和情感连接,以及对品牌或产品的感知。一个具有吸引力和精心设计的界面能够吸引用户的注意力,并增强用户的参与度。首先,形式美可以提升用户体验。一个美观的界面会让用户感到愉悦和舒适,从而增加对产品的使用欲望和满意度。其次,形式美有助于提升信息的传达效果。通过巧妙的排版与配色,可以使界面更加直观、易于理解,帮助用户快速获取信息。此外,形式美还能够增强用户对品牌或产品的识别度和记忆度。一个独特而美丽的界面设计可以塑造品牌形象,加强用户对品牌的认知和记忆。最后,形式美也是界面与用户的心理连接。通过运用适当的色彩、字体、形状等设计元素,可以传递出特定的情感、价值观或品牌形象,与用户进行情感共鸣。

4.6.2 形式美法则在用户界面中的运用

设计中的形式美法则包括对比、统一、对称、均衡、秩序、特异、调和、节奏、韵律、比例等。这些法则旨在帮助设计师创造整齐、有序、一致、引人注目和易于理解的设计。通过遵循这些法则,设计师可以提高界面的视觉效果和用户体验,实现品牌或产品的独特性。这些法则在各种设计中都被广泛应用,从平面设计到 UI 设计,从空间设计到产品设计,到处都能见到它们的身影。

下面将结合用户界面设计的具体特点进行详细阐述。

1. 统一与变化

在 UI 设计中,统一和变化相辅相成。统一是指在整个系统中采用相同的设计风格、色彩、字体、图标等元素,使用户能够快速熟悉和操作。通过统一的界面元素,用户可以尽快掌握系统的使用规则,并实现不同功能之间的一致性体验。然而,过多强调统一性,也可能导致用户的视觉疲劳和乏味感,这时变化就显得尤为重要。通过在一致的框架内加入一些变化,如颜色、形状、布局、交互等方面的变化,可以给用户带来新鲜感和趣味性。这样的变化可以突出特定操作或内容,并提供更好的视觉层次,如图 4-84 所示。

京东启动页　　　　　　京东闪屏页

图 4-84　用户界面中的统一与变化

2. 对比与调和

UI 设计中的对比与调和是指在界面设计过程中,通过对物体的形状、大小、颜色等方面的对比与调和,创建视觉上的层次感和平衡感。强烈的对比效果可以显著提高用户体验,而调和则可以达成视觉上的和谐、平衡和统一。这种设计可以增强用户的视觉体验,提高用户的参与度。如图 4-85 所示,在携程 App 首页的金刚区中,通过对界面的色彩进行对比设计,使得不同功能界面色彩对比明显,从而使用户能够更好地识别和操作。通过对整体色彩进行调和设置,该 App 的整体形象变得更加美观、和谐、统一。

图 4-85　用户界面中的对比与调和

3. 秩序与特异

在 UI 设计中,秩序与特异是两个互相影响的概念。秩序是指界面中元素之间的有序和统一,力图达成的是清晰和易于理解的效果。通过有序的排列、一致的规则和结构,用户可以快速识别界面的信息和功能,提高导航和操作效率。然而,特异也同样重要。在创新和个性化的需求下,设计师可以适度地打破秩序和传统规则,创造出独特和引人注目的设计。通过在设计中引入突破性元素、非对称布局、颠覆常规的配色等,可以让界面更具活力和吸引力。打破常规可以帮助品牌或产品在竞争激烈的市场中脱颖而出,提供与众不同的用户体验。

当然,在打破常规时也需要注意平衡。过度的创新和突破可能导致用户在理解和使用上产生困惑,从而降低用户体验,因此设计师需要恰当地运用秩序和突破性元素,既满足用户的期望和习惯,又要提供新颖、刺激的视觉体验。通过在设计中找到合适的平衡点,可以为用户呈现出既有秩序又具有创新的界面设计,满足用户的需求并创造出令人难忘的视觉效果。如图 4-86 所示,央视频 App 首页中的 Banner 设计,没有采用常规的面包线设计进度展示条,而是利用了右下角呈拐角的纹样设计,不失秩序,而又体现了形式上的不同。

图 4-86　用户界面中的秩序与特异

4. 对称与均衡

UI 设计中的对称和均衡是指在界面设计中要注意元素之间的对称性和平衡感。对称性的设计可以使界面更加整洁、有序以及稳定。均衡感的设计可以使不同元素之间的视觉重量分布均匀,从而达到整个界面的视觉平衡和谐。在 UI 设计中,对称性和均衡感被广泛运用。如图 4-87 所示,在携程 App 的界面中,设计师通过将界面水平或垂直对称,并在不同部分采用相似的设计元素,使界面显得整洁、稳定、易于理解。同时,在元素的大小、颜色和形状方面实现均衡感的设计,可以使得各个元素视觉重量分布均匀、相互呼应,从而形成视觉平衡感。这种设计方式不仅可以增加用户感知,还能让用户产生愉悦感,留下深刻的印象。

携程首页

携程搜索页

图 4-87 用户界面中的对称与均衡

5. 节奏与韵律

在 UI 设计中,节奏与韵律是指在设计中使用重复、变化和富有节奏感的元素来打造视觉上的动感和流畅感。节奏是指在设计中重复使用相似或相关的元素,如形状、颜色、大小等,以创造出一种有规律、连贯的感觉。这种重复的元素可以帮助用户快速理解和导航界面。而韵律则是通过变化和对比的方式来创造出一种动感和节奏感,使界面显得富有活力和吸引力。通过在设计中巧妙运用节奏与韵律,可以让用户的目光在界面中流动,提高用户的参与度和留存率。如图 4-88 所示，站酷 App 推荐页的瀑布流设计就采用了形式美中的节奏与韵律，推荐内容呈双列重复排版，位置交替，呈 S 型的视觉流，既保持了整个界面的统一性和稳定感，又增加了界面的动感和吸引力，从而大大提高了用户的信息获取率。

6．比例与尺寸

在 UI 设计中，比例与尺寸是指合理地运用元素之间的比例关系和尺寸大小，以创造视觉上的平衡和美感。通过恰当地控制元素之间的比例和尺寸，可以使整个界面显得和谐、舒适、易于理解和操作。舒适的比例关系可以帮助用户快速识别和理解界面的结构与层级关系，形成统一的视觉语言。此外，合理的尺寸大小可以有效地引导用户的注意力和焦点，突出重要信息并提高用户的交互体验。如图 4-89 所示，在美图秀秀的金刚区中，功能图标具有不同的尺寸，直观地推送 App 常用功能，缩短用户的寻找时间，大大提高了用户友好性和易用性。

图 4-88　用户界面中的节奏与韵律

图 4-89　用户界面中的比例与尺寸

4.7 首页

一款优秀的应用产品,其首页不仅要能清晰展示产品核心功能、特点,有着较好的用户体验,还能展示公司的品牌形象,提升用户对品牌的认知度。App首页设计至关重要,作为最重要的模块,它的设计和运营会对公司业务产生关键影响。

首页的作用体现在4个方面:①它承担了产品最核心的功能,决定了产品的属性和基调;②它体现了产品的"骨骼"(产品架构),方便用户快速进入对应的需求模块;③它展示了公司的品牌形象,强化在用户心中的品牌认知度;④它展示了产品的核心功能。

但现在的首页同质化现象越来越严重,页面基本都朝着一个方向去设计,作为设计师,为了体会哪种展示方式更适合产品本身,一定要多看、多想、多实践。

4.7.1 首页表现形式

下面介绍一下首页最常见的5种表现形式,分别是列表型首页、图标型首页、卡片型首页、地图导航首页和综合型首页,不同类型的首页布局承载着不同的内涵与趋势。

1. 列表型首页

这种布局方式拥有统一的信息样式,由上至下的浏览方式,可以快速过滤信息,提高用户浏览效率。最上面的永远是最新的消息框,符合用户潜在认知。这一类型的首页可以参看微信、QQ、头条等应用,如图4-90所示。

QQ　　　　头条

图4-90　列表型首页

2. 图标型首页

当首页分为几个主要功能时，可以采取图标形式进行展示。图标型首页最好能在第一屏就展示完整，这样可以将点击效率最大化。这一类型的首页可参照美图秀秀、中国银行等应用，如图4-91所示。

3. 卡片型首页

在遇到操作按钮、头像和文字等信息比较复杂的情况时，可以选择卡片型的首页展示方式。卡片形式能让分类中的按钮和信息紧密联系在一起，让用户一目了然，同时还有效地加强内容的点击性。这一类型的首页可参考花瓣、小红书等应用，如图4-92所示。

美图秀秀　　　　　中国银行　　　　　　花瓣　　　　　　小红书

图4-91　图标型首页　　　　　　　　图4-92　卡片型首页

4. 地图导航型首页

这一类基本都是以地图为主要功能点的App，设计特点鲜明。首页70%～90%的空间用以展示地图和当前位置，主要核心功能的操作凸显。这一类型的首页可参考滴滴打车、高德地图、百度地图等，如图4-93所示。

5. 综合型首页

这种布局可以在一屏内为用户呈现更多的入口，引导用户快速进入二级页面以便起到分流作用。综合型首页设计时需要注意的是，每个入口可展示出来的信息比较少，并且主次容易混淆，如果数量太多，用户无法在短时间内定位。这就要求入口的位置需要锁定，用户后期可根据位置来记忆，这点和手机桌面的位置有异曲同工之妙。对于消费类App首页设计，产品的内容形态比较相似，可以让用户在首页无限加载内容，一般使用瀑布流和 feed 流的形式布局。给予用户丰富的体验，提高用户黏性和活跃度。这方面的例子有唯品会、美团、淘宝等，如图 4-94 所示。

滴滴出行　　　　　　　　高德

图 4-93　地图导航型首页

唯品会　　　　　　　　美团

图 4-94　综合型首页

4.7.2　如何做好一个首页

1. 确定产品类型

产品类型不同，功能内容不同，首页展示也会不同，而核心上的业务路径应该是最短的。经过互联网多年的发展，用户已经培养起了一定的习惯，切记不要轻易颠覆用户的习惯认知。例如，列表型首页，通信类与社交类 App 使用居多。而综合型首页，电商类 App 使用居多，通常采用宫格布局，精简其核心功能。这种布局可以在一屏内为用户呈现更多的入口，引导用户快速进入二级页面以便起到分流作用。

2. 注意品牌调性

不同产品的品牌调性不尽相同。比如淘宝，作为一个普遍的大众跳蚤市场，传统且常规，而闲鱼，则主打有个性的年轻人市场，设计清爽，接地气。再如严选，主要针对文艺风客户的需求，操作力求简洁，视觉也相对清晰明了，符合严选的产品定位；而作为站酷这样一个集潮流风尚、前沿艺术、个性设计为一体的设计师平台，其整体设计风格也以简洁为主，布局留白大方，线条细腻。综上所述，在设计之前，设计师需要明确产品愿景，了解用户特征，延伸品牌价值观等产品定位，品牌的定位决定了产品的调性，设计要注意传达品牌价值，如图 4-95 所示。

淘宝　　　　　　闲鱼　　　　　　严选　　　　　　站酷

图 4-95　不同产品的不同调性

3. 做有感情的设计

基于情感的设计能够把握用户的注意力，诱发他们的情绪反应，进而完成转化率的提升。实现这个目标需要注意以下几点。

- 设计理念：基于产品用户特征，延伸产品文化内涵或风格特点。
- 视觉形象：以产品 Logo 为基础图形，延展色彩系统。
- 设计语言：符合产品基调，采用多种流行设计语言，如黑白对比、留白手法、极简手法等。
- 行为体验：流畅的交互方式、整体用户行为流程的设定，以及用户在使用过程中的感受。
- 内容传达：产品文案语境、文字信息、温馨的错误提示、同理共情的反馈语言等。

4.7.3　综合型首页的结构

首页通常由导航区、内容区、标签区三个区域构成。下面将以较为复杂的电商 App 携程为例进行具体内容的学习，如图 4-96 所示。

导航区：导航区一般分为搜索栏、一级导航和二级导航。

内容区：根据 App 的功能不同，内容区差异也较大。电商 App 首页主要包含 Banner 轮播图、金刚区、瓷片区、列表流或 Feed 流。

标签区：用户可以在不同的子任务、视图和模式中进行切换，组织整个应用层面的信息结构。该区最多由 5 个标签构成。

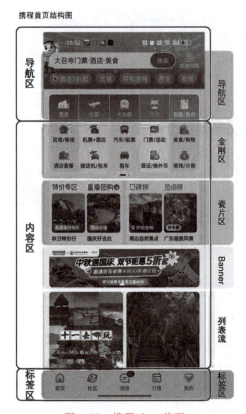

图 4-96　携程 App 首页

下面将对各个区域进行详细的介绍。

1. 导航区

导航菜单是 App 设计发展过程中很值得玩味的地方。由于智能手机屏幕尺寸有限，UI 设计师通常都会将尽可能多的空间留给主体内容区，而尽量保持导航栏的简约和易用性。它的存在能够实现在应用不同信息层级结构间的切换，有时候也可用于管理当前的屏幕内容（搜索框、标题、分段式选择器等）。但要注意避免让过多的控件填充（不超过三个元素：标题、返回、操作控件），导航区一般可分为搜索栏、一级导航和二级导航，具体样式如图 4-97 所示。

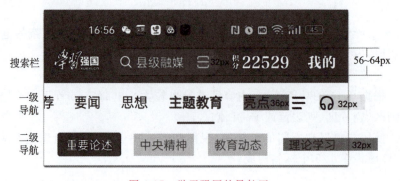

图 4-97　学习强国的导航区

因空间限制,导航栏设计的搜索框高度一般设置在 56～64 px,宽度随其他功能图标的多少而定,若图标较多,可将搜索框放在第二行。如无特别需要,尽量将搜索框整体居中,让两侧的间距相等或两侧图标数量相同,以提升视觉美观度。导航区的具体规范如表 4-1 所示。

表 4-1　导航区规范

规范项	具 体 要 求
字体规范	1. Android 系统使用"思源雅黑"字体;iOS 系统使用"苹方"字体 2. 一级导航字体多采用 36 px;二级导航多采用 32 px 3. 注意:文字层级字号对比大于或等于 4 px
图标规范	1. 设计尺寸多采用 32 px、40 px,但输出尺寸统一为 48 px 2. 两倍图下图标粗细多采用 3 px 或 4 px
搜索框规范	1. 搜索框尺寸建议为 56～64 px 2. 搜索框中图标多为 32 px 3. 两倍图下图标粗细多采用 3 px 或 4 px 4. iOS 搜索框的形状多为圆角或圆角矩形
搜索框颜色规范	1. 白色透明色块(不透明度约 30%,文字白色)图片/纯色背景,两边有重要功能 2. 白色色块(不透明度 100%,文字浅灰)图片/纯色背景,搜索功能优先级高 3. 黑色透明色块(不透明度约 5%,文字浅灰)白色背景,非通栏导航

目前常见有 4 种导航区菜单设计形式,它们不仅实用,而且美观时尚,下面就来逐个介绍。

1) 顶部列表式

列表式设计是一种十分常用的样式,遵循由上至下的阅读习惯,所以用户并不会觉得别扭。另外,可以通过漂亮的配色、图标组合来设计,使得菜单更加美观。学习强国采用的列表式导航如图 4-98 所示。

图 4-98　列表式导航

2）网格式导航

网格式菜单就类似于堆砌色块，简约而不简陋，导航清晰、明显，并能提高效率。但在设计时切记不分青红皂白地去堆砌色彩，让用户不知所措并感到疲倦。网易云与站酷的网格式导航如图4-99所示。

网易云音乐　　　　　　　站酷

图 4-99　网格式导航

3）底部导航

底部菜单列出了应用程序的重要功能。美图秀秀与唯品会的底部导航如图4-100所示。

美图秀秀　　　　　　　唯品会

图 4-100　底部导航

4）扩展式导航

扩展式导航又名汉堡导航,这种设计在网站上最为常用。当菜单项目比较多时,菜单就像一个巨无霸汉堡,就可以尝试用这种方式来隐藏菜单,需要注意的是,展开菜单按钮大部分设计在左上角或右上角这些显眼的位置。学习强国与QQ的扩展式导航如图4-101所示。

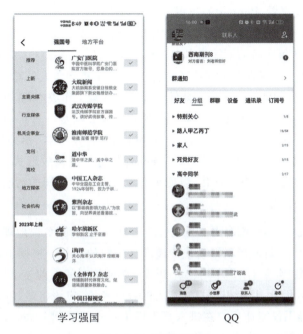

学习强国　　　　　　　　QQ

图 4-101　扩展式导航

2. Banner

Banner 最先起源于纸质媒体的大标题广告,也常用作游行活动中的旗帜。随着互联网的迅速发展,由于表现方式直接,Banner 被广泛应用于网页端和手机端界面设计中。一般来说,它也代指任何投放于线上的各种尺寸的广告图。在设计 Banner 时,需要考虑到多种因素,包括内容、受众、效果等。关于 Banner 应用和交互设计,下面就来简单介绍一下。

1）Banner 的应用

在 UI 设计中,Banner 是指位于网页或移动应用的顶部区域的广告、宣传或推广内容。它通常具有较大的尺寸和吸引人的设计,容易引起用户注意,能够传达重要信息或促使用户采取特定的行动。

在 UI 设计中,应用 Banner 的主要类目如下。

(1) 广告宣传:企业或品牌可以在 Banner 上展示自己的产品、服务、促销活动或特别优惠,吸引用户点击或参与。

(2) 导航引导:一些网页或应用会使用 Banner 来引导用户进行特定的操作,例如下载 App、注册账号、了解更多信息等。

(3) 内容推荐:通过展示相关的内容或推荐商品,Banner 可以吸引用户点击并浏览更多内容。

(4)品牌展示:在Banner上展示品牌标志、名称和特色图像,以提升品牌知名度和形象。

(5)重要公告:Banner还可以用于发布重要的公告或通知,如网站维护、活动延期等,以便用户及时获取相关信息。

2)Banner的作用

从需求方的角度来看,Banner的作用大致分为两种。

(1)便于上线操作。如果直接投放活动内容页面,首先由于屏幕使用空间有限,不能多个活动共同展示,其次每次活动上线基本上都是凌晨,姑且不考虑身体负荷因素,单纯在人工成本上就会消耗大半。如果遇到大促或者重要节日,那全体运营人员都需要时时刻刻更改内容,而Banner的定时上架和权重排序则能够大大减少运营工作成本,提高工作效率。

(2)可以清晰地看到数据反馈。简单来说,Banner就是一种广告形式,在一款应用中,除Banner外还存在很多形式的广告,如开屏广告、弹窗广告、落地页内嵌广告等。对于运营人员来说,他们需要清晰地了解每一条广告与每一种投放形式的数据反馈,根据数据对每次活动的内容进行复盘和优化,以便更好地应对以后不同的活动形式。

3)Banner的目标

与文字信息相比,图形化内容更容易吸引用户,用户也能够更快地理解内容。在项目页面中,Banner主要展示项目的最新活动或传递产品内容的图片。根据Jakob Nielsen进行的眼动实验发现,在2019年后,用户平均花费80.7%的阅读时间在前三个屏幕上,其中首页时间占总时长的57%。因此,从吸引用户注意力的角度考虑,应该将最显眼、最突出的Banner放在首页位置。这样不仅能让用户在进入页面后第一时间看到Banner,还可以在三秒内就了解具体的主要宣传信息。广告的目的是转化用户,Banner作为产品的吸睛工具也不例外,通过展示信息转化用户,从而达到实现商业价值的目的。Banner的三大核心目标也是商业转化价值的三个步骤:正确传达信息、吸引用户点击、实现用户转化。

如何正确传达信息,就要先研究"视觉动线",视觉动线是指在设计和布置场景时,通过特定的色彩和构图手段,引导用户的视线流畅地移动并聚焦于特定区域或物体上。视觉动线可用于吸引用户的注意力,强调重要元素,传达信息或引导观看顺序。在Banner中,可以通过两种方法,借由色彩、文字、排版等要素引导用户的观察过程,这就是古腾堡图表法和尼尔森F型视觉模型,如图4-102和图4-103所示。

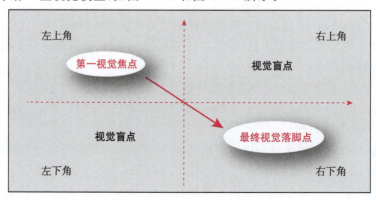

图 4-102　古腾堡图表法

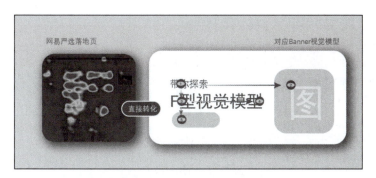

图 4-103　尼尔森 F 型视觉模型

待信息传达之后,用户就会受到激发而进行点击。点击可以通过 CTA 按钮完成,也可以通过 Banner 中的任意位置点击直接进入内容宣传落地页,诱导用户不自觉地点击进行下一步操作,进而实现用户转化。

在项目中,Banner 通常被运营团队称为"资源位",这个名称显示了 Banner 在整个页面中的重要性。它对产品起到了很好的宣传作用,通过在很短的时间内让用户了解主要内容,Banner 能够传递真实有效的信息,为用户提供愉快、优惠、知识等价值,促使用户采取行动,这样可以大大降低企业在传播和用户积累方面的成本,同时也能快速增强产品的竞争力。

3. 金刚区

金刚区是指页面顶部 banner 附近的核心功能区,它会根据产品业务目标的变更进行调整,就像百变金刚一样灵活,却有着不可撼动的地位,所以叫金刚区。金刚区服务于整体产品,属于页面的核心功能区,主要作用是进行业务导流,为不同的业务模块进行引流,为用户提供不同的功能服务。

金刚区的常见设计形式有 6 种:线性图标、面性图标、线面结合、图形图标、实物展示和混合搭配。它们的具体特点如表 4-2 所示。

表 4-2　金刚区不同设计形式的特点

设计形式	展示	特点	优点	缺点
线性图标	小白卡 小白信用 优享免息 免押租赁 汽车分期 白条闪付 租房分期 全部	在图形的基础上添加轮廓结构线,色彩简洁,一般不会超 3 种颜色	轮廓清晰,视觉冲击力较强,设计细节丰富,具有创意	视觉效果复杂,层级烦琐,图形不统一,较为依赖文字注释
面性图标	热听榜 全部听书 完结畅销 领福利 免费 听单 领阅饼 读书计划 新书 畅听卡	由外部轮廓和内部图形组成,外轮廓一般用圆或超椭圆作为背景,色彩上多选用同类颜色处理成微渐变颜色	具有亲和力,容易吸引用户的注意力,色彩饱满有质感,具有亲和力,视觉冲击力强	图形相似,视觉辨识度低,对于图形无法表达的复杂业务,需要文字代替图形,容易造成设计风格不统一

续表

设计形式	展示	特点	优点	缺点
线面结合	面包 蛋糕 甜点 录播课 饮品 点心面食 中式料理 健康减脂 热销榜 更多	利用图形结构线进行设计,以纯色为主	设计简洁,不易干扰用户进行其他操作	在内容复杂的页面中,视觉冲击力弱,相比于面性图标色彩较单一
图形图标	美食 美国外卖 酒店/门票 休闲/玩乐 电影/演出 每日福利 医学美容 丽人/美发 医疗/口腔 健身/运动	独立的图形设计,不需要外轮廓的衬托	设计细节丰富,处理样式较多,富有创意,能营造小景插画	对文字信息的依赖性强
实物展示	果蔬量贩 肉禽水产 粮油调味 酒水饮料 乳品冲饮 休闲零食 美妆个护 厨卫清洁 日用百货 母婴保健	多以当前主营业务具有代表性的商品为例	主体明确,简单直接,使用商品展示	纯商品图片展示,缺乏设计感,视觉重量不易把控,依赖文字注释
混合搭配	租房 品牌公寓 写字楼 地图找房 一键找房 整租 合租 易找房	以图标和图片为主进行混合搭配,图片一般会进行图形遮罩	能有效帮助运营提升当前营销活动点击率	图片图形混搭,容易造成视觉上的不统一

金刚区图标设计要点主要体现在以下六个方面。

(1) 间距留白,上下左右(水槽)间距保持统一(40 px);

(2) 图标文字间距 24 px;

(3) 图标的呼吸感(图标内环与外环的比例采用黄金比)外环 90 px,内环 56 px;

(4) 图标设计要求简约,做好预见性;

(5) 面性图标色彩采用微渐变色;

(6) 科学配色(注意色彩情感、业务色、邻近色的使用不超 4 个色系)。

金刚区图标具体设计规范如图 4-104 和图 4-105 所示。

图 4-104 金刚区设计规范

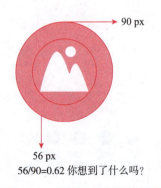

图 4-105 金刚区图标设计规范

4. 瓷片区

瓷片区是国内电商、视频、资讯、理财类应用中经常出现的一款引导型组件,顾名思义就是像瓷片一样以自由的数量组合"贴"在页面中的一组入口。瓷片区本质上也是一个广告位,只是没有 Banner 广告的跳转页面那样五花八门,它更接近于一个功能模块的外部固定广告位。常见的瓷片区,每个瓷片都是一个具体的功能模块,展示的内容虽然会随时间场景变化,但是指向的功能模块是保持不变的。作为二级页面入口,它的作用是做好流量分发,如进入各功能板块或营销活动等,形式如瓷片一样,方便更换。

瓷片区的组成部分通常包括插画、背景、图片、文字、点缀等。

瓷片区常见设计形式有实物图片类、插图类、空间类三种。它们的具体特点如表 4-3 所示。

表 4-3 瓷片区不同设计形式的特点

设计类型	展示	特点	优点	缺点	场景
实物图片类		对图片文字进行转换,适合千人千面,直观可靠,对素材要求高	高识别度、代入感强、可复用性强、设计效率高	对图片素材要求较高	外卖类、电商类、旅游类
插图类		活泼、趣味性、灵活、可订制	可高度概括瓷片区的运营含义,精美的插图有助于提升产品的细节品质和趣味	一对一,难以复用,比较耗时	金融理财类、活动类、在线教育类
空间类		台面的运用有很强烈的空间效果	近大远小、近实远虚,具有空间感	与场景的交融性难以把握	电商类、阅读类

对于瓷片区的设计,首先要解决的是瓷片布局,即在整个组件区域内,如何有效分配空间给不同的瓷片。在前期设计中,一定要优先确认瓷片区的框架内边距,然后根据要求放置的瓷片数量,将模块拆分出如图 4-106 所示的基本网格构架。

每个瓷片内的元素相对单一,有文字和"图片/图标"两种。这两种元素的排版方式无非是左右、上下、对角这三种最通用的排版,如图 4-107 所示。

依照尺寸区分,文字又可分为标题和副文本两种规格,这里把副标题、标签、价格等统称为副文本,因为它们的尺寸可以是一致的。对于非标题文字,不同业务板块采用不同颜色,但颜色不要超过 4 种,主标题字号建议 30~34 px,副文本字号建议 24~26 px。

图 4-106　瓷片区基本网络构架

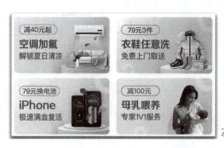
左右

对角

上下

图 4-107　瓷片区排版方式

瓷片区中的图片大多为商品，要求抠图干净、清晰，多图的情况下还需要保证图片内容的视觉大小一致。

瓷片的背景可以使用白色，也可以使用彩色、渐变，或者干脆使用图片，具体应用需要根据页面整体的风格以及瓷片区上下的环境来决定。一般来说，瓷片区的背景越复杂，其视觉负担就越重，更适合活泼、潮流的页面风格。

5. 列表流

流作为信息有规律排版的一种呈现形式，没有翻页组件，用户可以不停地往下滑动浏览。

列表流是一种以文字信息为主导的功能布局方式，主要以"文字＋图片"和"文字＋图标"形式出现，具有排版整齐、重点突出、对比方便、浏览速度快等特点，常见于以文字信息（如新闻、信息、聊天消息等）为主导的页面中。

目前列表流可分为瀑布式、菜单式、陈列式、宫格式、卡片式、分类列表式等，如图 4-108 所示。

瀑布式　　菜单式　　陈列式　　宫格式　　卡片式　　分类列表式

图 4-108　列表流的不同形式

列表流的特点是排列整齐、重点突出、方便对比,所有列表流的设计都需要遵循这些特点,如图4-109所示。

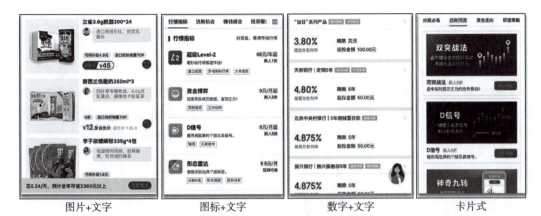

图片+文字　　　　图标+文字　　　　数字+文字　　　　卡片式

图4-109　列表流的设计形式

（1）图片＋文字：用插图或照片的形式表达商品特征,多用于内容型应用,体现趣味性或专业化。

（2）图标＋文字：用图标表达商品特征,多用于金融类应用,商品抽象为概括的符号。

（3）数字＋文字：用数字表达商品特征,多用于理财类应用,用户关注商品的数据。

（4）卡片式：用卡片或类似卡片体现商品特征,多用于银行类或优惠券类应用。

在列表流的设计过程中,可以利用文字大小、粗细、颜色、特殊字体、标签使用等进行信息优先级排序。在间距的规范上,可使用等分原则和五分原则。等分原则是不同板块内容间距为30 px,五分原则是相同板块内容间距为16 px,如图4-110所示。

图4-110　列表流中的等分原则和五分原则

6. 标签区

标签区是让用户在不同的子任务、视图和模式中进行切换，组织整个应用层面的信息结构，多用于主页面当中。该区为 App 主要功能分类，通常是以"图标＋文字"形式展现，图标类型以线性为主，图标有正负形，具体规范如图 4-111 和图 4-112 所示。例如，对于电商类 App，其标签区主要包括首页、发现、分类、附近、购物车等几个标签。标签区一次最多承载 5 个标签，多于 5 个的图标以列表形式收纳到"更多"里。标签区的高度尺寸为 98 px，图标设计尺寸建议使用 48 px、图标文字大小建议使用 18～22 px，最小不低于 18 px，常用 18 px 与 20 px。但图标输出尺寸均为 48 px，最终视觉感受要大小统一、风格统一、线条简单。

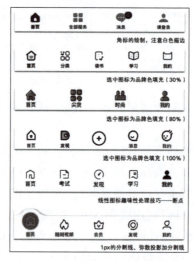

图 4-111　标签区的不同样式

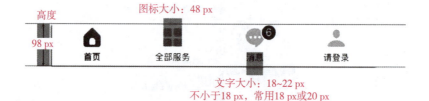

图 4-112　标签区的规范尺寸

4.8　组件库

组件库是构成界面的基础元素和重复出现控件的集合。通过对基础元素和控件进行规范命名与排列组合，最终形成一个方便快速调用和维护的组件库。组件库的存在可以避免在相同场景下重复创建新样式的问题，同时增强产品的统一性，提高工作效率。与设计规范文档不同,组件库是一个项目中庞大的基础元素集合,它为保证产品的统一性提供了基础,而设计规范文档则是对产品设计的指导规则。

4.8.1 组件库的价值

作为设计系统的一部分,组件库在产品设计过程中可以为设计师提供方便快捷的基础元素调用和组合功能,从而帮助他们构建规范化的新功能页面。通过使用组件库,设计师可以快速而准确地应用标准化的元素和控件,节省了重复设计的时间和精力,并能确保产品在整体上的一致性和统一性。这种规范化的设计流程有助于提高效率,减少错误,并使设计师能够更专注于创造性工作。

在产品设计中组件库的价值体现在这三个维度。

1. 统一性

在多人协作时,组件库的使用能够确保在相同场景下实现设计元素的高度统一,避免重复创建新的样式,同时也能够降低开发人员的时间成本,提高开发效率。通过使用组件库,团队成员可以共享和重复使用已经定义好的组件,确保在整个项目中保持一致的设计标准和风格。同时,针对不同的业务形态和场景,可以在组件库的基础上结合业务特性进行差异化设计,从而给用户带来一致性的体验和品牌感知。这种灵活且极具适应性的设计方法可以大大提升用户满意度,建立起用户对品牌的一致形象。

2. 高效性

在产品设计过程中,很多页面或模块会使用到相同的元素和组件。通过使用组件库,设计师可以快速调用所需的设计元素和组件,减少重复设计的时间。通过修改组件库中的元素和组件,可以实现修改即更新的快速同步,所有应用了这些设计元素和组件的页面也会自动得到更新。同时,搭建新页面也可以通过组件库快速完成,从而提升设计师的工作效率。当多个设计师同时参与产品设计时,组件库的使用能够确保他们在相同场景下使用的设计元素和组件高度统一。这有助于避免重复创建新样式的问题,提升团队的协作效率。设计师们可以基于组件库中已有的元素和组件,快速搭建规范化的新功能页面,而无须从头开始设计。这不仅降低了时间成本,而且确保了整个产品在视觉上的一致性。产品经理可以利用组件库衍生的元件库快速创建高质量的产品原型,减少低效的绘制工作。研发人员可以通过对组件库进行封装,在产品中全局调用,避免重复开发,提高工作效率。

组件库的使用不仅能够帮助设计师节省时间和精力,还能够推动整个团队的协作和合作,使产品的开发过程更加高效和一致。

3. 延续与协同

在业务不断发展的过程中,组件库也可以随着业务的变化不断优化和完善。组件库可以根据业务需求和不同场景下的页面内容需求进行更新和调整。这使得设计师可以根据新的业务需求,迅速地获取和应用最新的设计元素和组件,从而保持团队在设计上的灵活性和适应性。另外,即使团队出现成员变动,既有的组件库仍然可以起到快速投入工作的作用。新成员可以通过组件库快速熟悉项目的设计风格和规范,从而无缝地融入团队并开始正常工作。同时,组件库的使用也能确保团队成员之间在设计协作方面的一致性,减少协作成本和沟通障碍。

一个优化和完善的组件库,可以随着业务的发展不断适应变化的需求,并为团队提供持续支持。它是一个重要的工具,帮助团队保持高效的工作状态,并推动业务的持续创新和发展。

4.8.2 原子设计理论

原子理论最早由国外工程师 Brad Frost 提出,而他是从化学元素周期表中得到启发的。在化学中,原子是构成物质的最小单位,它们通过组合形成分子和有机物。而 Brad Frost 将这个概念应用在界面设计中,并逐步形成了一套设计方法论,即原子设计理论。在 2013 年,Brad Frost 将原子理论引入界面设计领域。在设计领域中,原子这个概念指的是构成界面的最小颗粒度的组成元素。原子设计理论通过逐层递增地组织和构建这些元素,成为构建组件库的理论指导。它是一种思维模式,让设计师对界面的组成结构有更清晰的认识。采用原子设计的思维模式,设计师可以将界面拆解成原子级别的组成元素,然后逐步组合这些元素,形成更复杂的组件和页面。这种递进的设计方法有助于保持一致性、可重复使用性和可扩展性。通过原子设计,设计师可以更好地构建出符合品牌和用户体验的界面,提升设计的效率和质量。

原子设计理论包含五个层面:原子、分子、组织、模块、页面。

(1)原子:在界面设计中原子是构成界面的最小颗粒度元素,是不可再分割的最小单位,例如文字、颜色、图标等。

(2)分子:分子由原子排列组合构成,映射在界面设计中表现为常见的 UI 组件,例如按钮、徽标、复选框等,由少量不可拆分的基础元素构成。

(3)组织:组织是由原子和分子组成的一个相对复杂的集合体,在界面中体现为相对复杂的 UI 组件,例如导航栏、标签栏、弹窗等,由较多不可拆分的基础元素组成。

(4)模块:模块是由原子、分子和组织构成,模块可以理解为没有内容填充的产品基础框架图,也就是产品原型图。

(5)页面:页面是在模块的基础上对已有框架的细节补充与优化,也就是视觉效果设计,最终形成完整的页面。例如产品首页、二级页面等。

4.8.3 如何搭建组件库

根据原子设计理论提供的设计思路,可以将构成界面并贯穿始终的最基础元素剥离出来,例如文字、图标和颜色。这些基础元素在整个设计体系中都会广泛应用,它们是搭建界面的基石。通过将这些基础元素独立出来,可以实现更好的一致性和可定制性。

在构建组件时,为了便于后续的调用和维护,需要特别注意组件的命名规则。一般而言,采用总分的形式对组件进行命名是一种常见做法。例如,可以通过命名方式明确表达组件的状态或功能,比如"左侧勾选/选择/禁用"等。这样的命名方式能够清晰地展现组件的状态特征,便于后期的维护和调用。通过遵循命名规范和采用一致的设计思路,能够更高效地构建和管理组件库。这样做不仅促进了团队之间的合作和沟通,还提升了设计的可复用性和可维护性。在日常工作中,可以通过合理的命名和架构,优化组件库的设计和管理流程,提高工作效率,减少后续的维护成本。具体搭建规范如表4-4所示。

表4-4 组件库搭建规范

规范项	含义
文字样式	对已经使用或可能使用到的文字样式进行统计,包括字重、行高和字号大小。为了方便后续查看可以将这些信息全部罗列出来
颜色值	罗列产品中使用的颜色值,并对其进行分类和命名
图标控件	可以在Figma中批量生成,也可以单独生成,为了让图标在查阅时更加规整,可以使用栅格布局对图标进行有序排列,可以按照功能属性排列,也可以按照自己喜欢的方式排列
组件	组件作为基础元素组合的容器,需要适配不同的设计尺寸,以减少复杂又重复的工作量,此时就需要对组件进行自适应布局
组件库管理	组件库搭建完成后,接下来就是对组件库的维护与团队成员之间的使用。这个过程中会不断有新的业务需求产生新的组件和页面。可以从产品一致性的符合程度、拓展性和复用率等方面来考量组件是否要加入已有组件库中,以及作为是否剔除已有组件的准则

文字样式和颜色值均可以通过选择需要创建样式的文本图层,点击设计软件右侧面板中的"创建样式"按钮,并进行重命名,因为一级文字包含2种不同的字重,所以可以利用/进行内容细分,例如:"一级文字/加粗"。全部创建好之后在设计软件右侧面板中就可以看到文本样式、颜色值的列表展示内容了。

○ 任务实训

实训项目8 "青游"App首页设计与制作

实训项目8任务工单.pdf　　教学视频.mp4

效果展示: 如图4-113所示。

移动UI设计

图 4-113 "青游"App 首页设计的 A 版和 B 版

在这个项目中,将使用 MasterGo 软件对"青游"App 的首页进行设计和制作,对于 MasterGo 软件,前文已经进行过简单的讲解,为了更好地完成项目制作,应该深入了解 MasterGo 软件的使用和操作,这里就不再赘述。

实施步骤及方法

1. 确定功能和需求

通过与团队或用户的讨论,明确首页的功能和需求,如展示内容、设计风格、形式、规范等,如图 4-114 所示。

2. 结构规划和信息架构

根据功能和需求,设计 App 首页的结构和信息架构,确定各个模块或功能的位置和关

144

系，如图 4-115 所示。

3．制订用户界面设计

根据信息架构，进行用户界面的低保真设计，包括排版、图标位置、字体等，确保信息架构的搭建与品牌或产品形象保持一致，如图 4-116 所示。

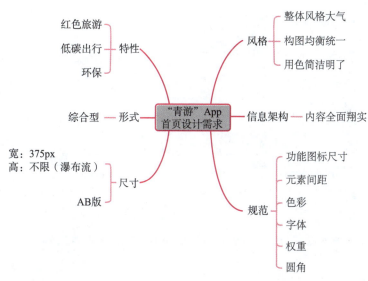

图 4-114 "青游"App 首页设计需求

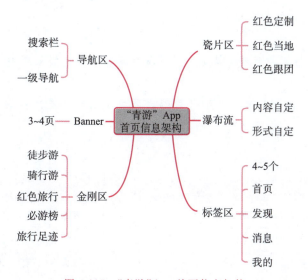

图 4-115 "青游"App 首页信息架构

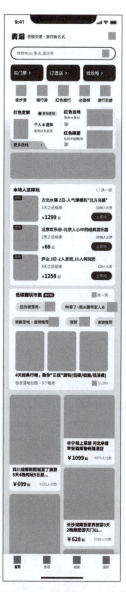

图 4-116 "青游"App 首页低保真设计

4．开发静态高保真原型

使用设计工具（如 Photoshop、Sketch、Adobe XD、Figma、MasterGo 等）创建 App 首页的静态原型，以展示页面布局、内容结构和交互方式。这里使用 MasterGo 软件进行制作，如图 4-117 所示。

图 4-117 "青游"App 首页制作

5. 进行测试和优化

对开发的首页进行测试，检查页面布局、交互效果和性能表现，修复漏洞和问题，并进行用户体验优化。

6. 发布和部署

准备好发布所需的文件和资源，确保适配不同的设备和平台。将开发好的首页部署到服务器或发布到应用商店，供用户下载和访问。

7. 监测和维护

发布后，对首页进行监测，收集用户反馈和数据分析，及时调整和改进首页的功能和内容，保持用户体验的持续优化。

以上步骤仅为一般参考，具体的开发流程和细节可能因项目需求和开发团队的实际情况而有所不同。

○ 学习评估

专业能力	评估指标	自测等级
熟知首页设计的理论知识	能够阐述首页设计的五种表现形式	□熟练 □一般 □困难
	能够阐述综合型首页的结构	□熟练 □一般 □困难
熟知首页各结构的设计形式	能够区分导航区类别	□熟练 □一般 □困难
	能够区分金刚区的设计形式	□熟练 □一般 □困难
	能够区分瓷片区的设计形式	□熟练 □一般 □困难
	能够区分列表流的设计形式	□熟练 □一般 □困难
	能够区分标签区中图标的设计样式	□熟练 □一般 □困难
	能够搭建组件库	□熟练 □一般 □困难

续表

专业能力	评估指标	自测等级
掌握首页设计制作的实践技巧	能够按照设计需求和信息架构搭建首页的低保真原型图	□熟练 □一般 □困难
	能够依据设计需求进行首页的色彩搭配	□熟练 □一般 □困难
	能够利用相关软件实现首页的高保真输出	□熟练 □一般 □困难
	能够熟练掌握各个高保真输出软件的操作与使用	□熟练 □一般 □困难

○ 学习小结

○ 拓展训练

（1）上网自主查找学习 Feed 流的相关知识，明白 Feed 流的意思和相关使用场景。
（2）扫描二维码获取项目 8 任务工单，并以组为单位按照工单要求进行项目的设计与制作。

4.9 Banner 视觉表现形式

下面从风格表现、排版、色彩三个方面，分析视觉表现在 Banner 中的应用。

4.9.1 风格表现

风格是指某一类事物之间的共性特征。通常情况下，Banner 的风格多种多样。设计师在设计 Banner 时，会根据需求方的不同诉求，在广告中使用不同类型的 Banner 来烘托氛围。

1. 时尚杂志风

此类型的 Banner 广告采用了杂志常用的布局，旨在创造出高端大气的感觉。它们通常具有一些共同的特点,比如大标题和模特的使用。例如,广告的左侧或右侧会放置一幅模特的图片,旁边则放置文字内容。通过形成文字大小的明显对比,突出文案的核心内容,文字和杂志的排版方式基本相似。整个横幅广告的画面呈现出高贵的氛围,以符合文案所要表达的内容,如图 4-118 所示。

图 4-118　时尚杂志风 Banner 设计

2. 复古风

复古风格的关键在于运用传统元素和复古图案,使整个画面呈现出复古的氛围。在 Banner 广告的设计中,传统元素主要包括汉字和传统图案的运用。设计师在设计浓厚中国风色彩的 Banner 广告时常常采用这种风格。举例来说,设计师可以在中秋节 Banner 广告中运用这种风格。中秋节是中国的传统节日,设计师需要考虑到中国传统习俗,因此可以选择圆月、玉兔等元素,整个横幅广告会呈现出团圆祥和的节日氛围,如图 4-119 所示。

图 4-119　复古风 Banner 设计

3. 清新简约风

清新简约风的风格就是自然、清新,画面清爽和唯美。此风格常见于家装和家居中,色调上多采用绿色、白色等自然色调，给人以清丽、透亮的感觉，如图 4-120 所示。

图 4-120　清新简约风 Banner 设计

4. 炫酷风

这种风格通常采用深色背景，并添加一些质感元素和光影效果处理。在客户端的大型促销类横幅广告中，这种风格被广泛应用。由于需要在短时间内吸引用户的注意力，这种风格能够很好地突出重点内容并将其展现在用户面前，如图 4-121 所示。

图 4-121　炫酷风 Banner 设计

4.9.2　图形及文字排版设计

排版是指将文字、图片等可视化信息元素在版面布局上进行位置和大小的调整，以达到美观的视觉效果。由于 Banner 主要由文字和图片构成，因此排版显得尤为重要。良好的排版能够吸引人的眼球，准确地传达中心思想；而糟糕的排版则会导致用户难以找到重点，无法清晰地传达信息。因此,通过合理的排版设计,能够提升Banner的效果和传播力。

1. 整体布局排版

在激烈的商业竞争中,用户不会在Banner上花费太多时间进行信息思考和决策。好的Banner设计必须能够在短时间内引起用户的共鸣和兴趣,让用户迅速抓住中心思想。因此,Banner的整体布局和排版必须遵循一定的规则,符合主题要求,以免混淆用户的第一视觉印象。一幅Banner就像一篇文章,应有主次之分。设计师首先要了解所有信息之间的关系,找到核心内容,并逐层分解Banner的结构,确定信息的优先级,并清晰地展现在用户面前。通过合理的Banner设计,能够提高用户对广告的注意力和理解程度。

整体布局排版可遵循以下六个原则。

（1）对齐原则。在Banner中,相关内容要对齐,以便用户能够快速浏览并找到重要信息;

（2）聚拢原则。研究显示,用户更容易被聚集的元素所吸引。设计师可以将内容划分为几个区域,并将相关信息集中在一个区域内,以吸引用户的注意力;

（3）留白原则。留白又称"余玉",原是中国画中一个重要的艺术表现手法。正如宗白华所言,"留白处并非真空,乃灵气往来生命流动之处"。画面上适当的留白,使画面不阻塞、不凝滞,仿佛天地间之灵气自由往来其中,给人无限遐想,Banner设计也是如此,画面留出一定空间,既可减少Banner的压迫感,又可引导读者视线,突出重点内容;

（4）降噪原则。Banner的本身就是一个小型的广告海报设计,受大小像素限制,不能任由设计师发挥,设计不同的尺寸。因此,在Banner设计中,不宜颜色过多、字体过多、图形过多。这些都分散了用户的注意力,给用户带来了阅读障碍;

（5）重复原则。设计师在排版时,需要注意整个设计的一致性和连贯性,避免出现不同类型的视觉元素;

（6）对比原则。在设计中,强烈的对比会让人视觉甚至心灵上产生冲击,从而形成用户记忆,有利于设计的传播与转化。在Banner设计中,加大不同元素的视觉差异,既增加了Banner的活泼,又突出了视觉重点,方便用户一眼浏览到重要的信息,如图4-122所示。

图4-122　某线上培训应用的Banner设计

2. 文字设计

（1）文字排版：在 Banner 中，文字信息传达应与口语表述相似，需要使用抑扬顿挫的语调，并突出重点。在文字排版上，要求重点突出，可以通过大小和粗细的差异来实现。字与字之间的结构、布局、留白、组织和呼应等要保持疏密有序的关系。选择两种左右的字体，并加入与内容相关的元素或形状，可以很好地表达整个设计的情绪。通过这样的文字排版设计，可以凸显 Banner 中的关键信息并吸引用户的注意力。重点突出、疏密有序的文字排版可以增加设计的美感和视觉吸引力，从而提升横幅广告的效果和传达能力。

（2）文字设计：Banner 中的文字信息是传达中心思想的关键，如果只使用自带字体，会使横幅广告显得缺乏情感和个性。因此，在设计 Banner 时，设计师可以更多地采用字体变形和重新组合的方式。通过调整字体的笔触粗细和宽高比例，展现视觉冲击力和活力。出色的文字信息设计不仅可以吸引用户的注意，还能唤起用户的情感共鸣。然而，在设计过程中，还需要注意文字的可读性和易读性。可读性是指文字容易辨认和识别，能够吸引用户的兴趣和关注。易读性则确定了信息传达的效果。因此，在设计 Banner 时，标题文字应注重可读性，确保能够清晰传达重要信息，而内容文字传达则需要更注重易读性，使用户能够轻松理解和吸收信息；通过采用字体变形和重新组合，增加设计的情感和个性，但仍需要平衡可读性和易读性，以确保文字信息能够有效传达，并引起用户的兴趣和共鸣，如图 4-123 所示。

图 4-123　某保险公司的 Banner 设计

4.9.3　色彩表现

色彩在设计中不仅是一个独立的元素，也承载着信息的传递。每种色彩都具有不同的色相、明度和饱和度，从而展现出不同的色彩感，传递给用户的感知信息也有所差异。不同的色彩具有不同的情感和象征意义。举个例子，红色是一种引人注目的色彩，具有强烈的感染力。它象征着热情、喜庆和幸福，是火和血的色彩。蓝色则是天空的颜色，象征着和平、安静、纯洁和理智。然而,蓝色也可能带有消极、冷漠和保守的负面含义。用户对色彩信息的情绪感知受到时代、地域、民族、历史、宗教、文化和风俗等多重因素的影响。因此,在进行设计时,设计师有必要了解受众的需求、习俗、态度和 Banner 的最终使用场景。通过了解受众的文化背景和偏好,设计师可以选择合适的色彩方案,以传递准确的信息,与受众产生共鸣。

在激烈的商业竞争环境下,用户对网页的浏览时间通常非常有限,往往只有几秒的时间。色彩是人类对画面最直接的感知要素,设计师必须在这个短暂的时间内迅速引起用户的共鸣,并帮助他们快速理解信息的含义。

各类 Banner 在色彩选择上有所不同:学习类 Banner 主色调主要应用红色,给人一种鼓舞斗志的感觉;电器类 Banner 主色调主要应用蓝色和黑色,蓝色给人科技感,而黑色又给人以神秘的感觉;护肤类 Banner 常采用绿色和白色,绿色属于大自然的颜色,被视为生命的颜色,给用户带来清新自然、安全的感觉;商品类 Banner 则经常选用暖色调色系,暖色调色系给人温暖诱人的感觉,让用户有点击的欲望;在一些奢侈品 Banner 中,设计师会运用金色和银色,这两种颜色象征着富贵和财富,潜移默化中体现产品的档次;食品类 Banner 会使用橙色,橙色是丰收的感觉,勾起用户的食欲。新闻资讯类 Banner 设计如图 4-124 所示。

图 4-124 某新闻资讯 Banner 设计

任务实训

实训项目 9 "青游"App Banner 设计

实训项目 9 任务工单.pdf   教学视频.mp4

效果展示： 如图 4-125 所示。

图 4-125 "青游"App Banner 设计

实施步骤及方法

1. 确定设计需求

与团队或用户沟通，确定关于 Banner 的设计需求，包括尺寸、颜色、主题风格等方面的要求。如图 4-126 所示。

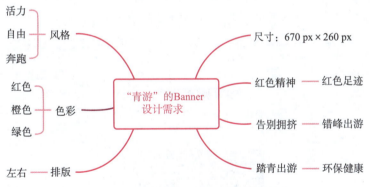

图 4-126 "青游"App 的 Banner 设计需求

2. 收集素材

寻找与设计主题相关的高质量图片、图标、字体等素材。可以使用专业的设计软件如 Photoshop 或 Illustrator 进行编辑和优化。

3. 设计排版

根据设计需求，将素材进行合理的布局和排版。考虑到 Banner 的目的和信息传达效果，合理安排文字和图像的位置。在 Photoshop 中进行"青游"App 的 Banner 设计，如图 4-127 所示。

图 4-127　在 Photoshop 中制作"青游"App 的 Banner

4．输出和导出

保存设计文件并导出为适当格式，通常为常见的图片格式，如 JPEG 或 PNG。

5．添加轮播效果

借助交互软件，为 Banner 添加轮播动画效果，以增加视觉吸引力和用户体验。

具体操作流程请参考项目七（"青游"App 引导页设计与制作），使用动态面板的方法与要点一致。

6．载入 App 首页

将设计好的 Banner 图片上传至 App 开发工具或后台管理界面，并进行相应配置，使其展示在 App 首页的合适位置，如图 4-128 所示。

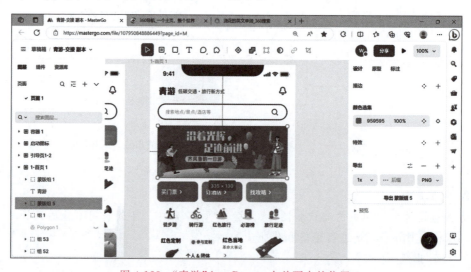

图 4-128　"青游"App Banner 在首页中的位置

注意，以上步骤可能会因设计需求和操作工具的不同而有所变化，此处提供的只是一般的制作流程。

○ 学习评估

专业能力	评 估 指 标	自测等级
熟知 Banner 基础知识	能够用语言描述 Banner 的作用与目标	□熟练 □一般 □困难
熟知 Banner 的视觉表现形式	能够清晰描述 Banner 各风格表现的特点	□熟练 □一般 □困难
	能够用语言简单描述 Banner 中布局、文字、色彩的布局关系	□熟练 □一般 □困难
掌握 Banner 的设计与制作办法	能够根据项目背景,梳理出设计需求	□熟练 □一般 □困难
	能够根据项目设计需求,绘制出 Banner 设计输出稿	□熟练 □一般 □困难
	能够为 Banner 添加轮播交互效果	□熟练 □一般 □困难
	能够熟练运用相关软件	□熟练 □一般 □困难

○ 学习小结

○ 拓展训练

（1）上网深入研究学习古腾堡图表法和尼尔森 F 型视觉模型。

（2）扫描二维码获取项目 9 任务工单,并以小组为单位按照工单要求进行项目的设计与制作。

第 5 章
产品交付设计

在现代科技发展的浪潮中,App 已成为人们生活不可或缺的一部分,而 App 产品的成功与否很大程度上取决于交付设计的质量。本章将探讨 App 产品交付设计的重要性与关键要素,旨在帮助读者了解如何通过精心设计和优化用户体验,提升 App 产品的市场竞争力。本章将从与设计师合作、界面标注、产品切图、一致性规范等方面展开讨论,希望读者能够通过本章的学习,获得 App 产品交付设计方面的有力支持和指导,使用户满意,获得业务上的成功。

学习目标

素养目标:
- 培养团队协作能力;
- 培养精益求精的工匠精神。

知识目标:
- 能够对 App 首页界面进行标注;
- 能够对 App 首页界面进行切图。

能力目标:
- 具备实践操作的实践能力。

实训项目	实训目标	建议学时	技能点	重难点	重要程度
项目 10 "青游"App 首页界面标注与切图	利用标注切图软件对项目的界面进行规范的标注与切图	4	产品标注、切图的要点	规范的标注	★★★☆☆
				规范的切图	★★★☆☆

在 UI 设计中,界面的切图与标注起着重要的作用。切图是指将设计师的原创作品转化为可实际实现的图像文件,是开发人员实施界面设计的关键步骤。通过切图,可以准确呈现设计师的构思和细节,确保界面在不同平台和设备上的一致性。同时,标注能够提供详细的尺寸、颜色、字体等设计规范,帮助开发人员理解每个元素的具体要求。通过准确的切图和清晰的标注,可以有效减少沟通成本和项目开发时间,并确保最终交付的界面质量符合设计预期。因此,界面的标注与切图在 UI 设计中具有不可忽视的重要性。

5.1 界面标注

界面标注是在 UI 设计中用于记录和传达设计规格和细节的过程。它是一种将设计中各个元素的尺寸、位置、颜色、字体样式、间距等信息进行标记和描述的方法。

通过界面标注,设计师可以将设计中每个元素的相关信息整理并记录下来,帮助开发人员准确地理解和实现设计意图。标注通常以文字说明、标记、数字、线框图等形式呈现,能够清晰地表达设计师对界面的要求和应遵循的规范。

界面标注的重要性在于提供了设计与开发之间的沟通桥梁。它确保了开发人员能够准确地理解并按照设计要求进行开发,避免了误解和偏差的发生。同时,标注还能够保持设计的一致性,使不同页面或组件之间的样式和规范保持统一,提升用户体验和产品质量。

总之,界面标注是 UI 设计中必不可少的环节,它能够确保将设计规格准确传达给开发人员,提高开发效率和产品质量。

5.1.1 界面标注的常用软件

如果设计师在制作界面时使用的是 Photoshop 和 Illustrator 软件,那么就很有必要了解一下以下标注软件。

(1) Sketch Measure:这是一款 Sketch 自动标注、切图插件,具有智能识别标注的功能,能够快速识别 PSD 文件的文字、颜色、距离。Sketch Measure 的优点在于能将标注、切图这两项功能集成在一个软件内完成,支持 Windows 和 Mac 操作系统。

(2) PxCook:这是一款切图设计工具,支持长度、颜色、区域、文字注释等功能。它具有单位转换、自定义注释文字、实时放大镜、自动/手动随意切、可自定义标注颜色等特色功能。

(3) Cutterman:这是一款运行在 Photoshop 中的插件,通过该插件能够自动输出图片,而且支持各种尺寸、格式的图片输出,方便用户在 iOS、Android 等操作系统中使用。

(4) 摹客:这是一款智能标注和切图工具,具有智能标注、百分比标注、图钉批注等功能。另外,摹客还支持不同类型文件的上传共享,并支持多种产品文档的在线预览,包括

Axure、Justinmind、Mockplus 的原型演示，Office 文档预览，图片文件预览，以及 PDF 文件和文本文件预览等。

（5）MarkMan：这是一款高效的设计稿标注、测量工具，可方便地为设计稿添加标注，极大地节省了设计师在设计稿上添加和修改标注的时间。它具有长度标记、坐标和矩形标记、色值标记、文字标记、长度自动测量、拖动删除标记等功能，支持 PSD、PNG、BMP、JPG 等多种格式的文件。

5.2 产品切图

产品切图的目的是确保开发人员能够准确地实现设计师的创意和布局。通过提供切图文件，设计师能够将界面的形状、颜色、大小等关键细节传达给开发人员，使得实际开发的界面能够与设计稿完全一致。同时，切图也有助于提高开发效率，减少开发人员自行提取图像的工作量，推动产品的顺利开发和上线。

5.2.1 切图的要点

智能手机的屏幕大小都是双数值，因此切图尺寸必须为双数，以保证切图效果能够高清显示。

图标切图应考虑手机适配问题，根据标准尺寸输出。图标是切图输出中至关重要的部分，由于机型的不同，其对应的屏幕分辨率也不相同，因此图标的大小需要针对机型进行配置。通常，在对图标进行切图时需要输出@2x 和@3x 的两种规格。

5.2.2 切图的命名规则

切图命名应按相关规则进行规范，从而方便查找。切图的名称建议采用纯英文的形式。应该符合用切图工具切图后，需要整理切图命名，或在切图之前对相应的图层进行命名。

具体的命名规范如图 5-1 所示。

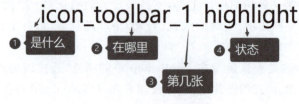

图 5-1 切图的命名规范

切图命名对照表如表 5-1～表 5-6 所示。

表 5-1　界面命名

中文名称	英文名称	中文名称	英文名称	中文名称	英文名称	中文名称	英文名称
整个主程序	App	搜索结果	Search results	活动	Activity	信息	Messages
首页	Home	应用详情	App detail	探索	Explore	音乐	Music
软件	Software	日历	Calendar	联系人	Contacts	新闻	News
游戏	Game	相机	Camera	控制中心	Control center	笔记	Notes
管理	Management	照片	Photo	健康	Health	天气	Weather
发现	Find	视频	Video	邮件	Mail	手表	Watch
个人中心	Personal center	设置	Settings	地图	Maps	锁屏	Lock screen

表 5-2　系统控件库命名

中文名称	英文名称	中文名称	英文名称	中文名称	英文名称	中文名称	英文名称
状态栏	Status bar	搜索栏	Search bar	提醒视图	Alert view	弹出视图	Popovers
导航栏	Navigation bar	表格视图	Table view	编辑菜单	Edit menu	开关	Switch
标签栏	Tab bar	分段控制	Segmented Control	选择器	Pickers	弹音	Popup
工具栏	Tool bar	活动视图	Activity view	滑竿	Sliders	扫描	Scanning

表 5-3　功能命名

中文名称	英文名称	中文名称	英文名称	中文名称	英文名称	中文名称	英文名称
确定	Ok	添加	Add	卸载	Uninstall	选择	Select
默认	Default	查看	View	搜索	Search	更多	More
取消	Cancel	删除	Delete	暂停	Pause	刷新	Refresh
关闭	Close	下载	Download	继续	Continue	发送	Send
最小化	Min	等待	Waiting	导入	Import	前进	Forward
最大化	Max	加载	Loading	导出	Export	重新开始	Restart
菜单	Menu	安装	Install	后退	Back	更新	Update

表 5-4　资源类型命名

中文名称	英文名称	中文名称	英文名称	中文名称	英文名称	中文名称	英文名称
图片	Image	滚动条	Scroll	进度条	Progress	线条	Line
图标	Icon	标签	Tab	树	Tree	票版	Mask
静态文本框	Label	勾选框	Checkbox	动画	Animation	标记	Sign
编辑框	Edit	下拉框	Combo	按钮	Button	动画	Animation
列表	List	单选框	Radio	背景	Background	播放	Play

表 5-5 常见状态命名

中文名称	英文名称	中文名称	英文名称	中文名称	英文名称	中文名称	英文名称
普通	Normal	获取焦点	Focused	已访问	Visited	默认	Default
按下	Press	点击	Highlight	禁用	Disabled	选中	Selected
悬停	Hover	错误	Error	完成	Complete	空白	Blank

表 5-6 位置排序命名

中文名称	英文名称	中文名称	英文名称	中文名称	英文名称	中文名称	英文名称
顶部	Top	底部	Bottom	第二	Second	页头	Header
中间	Middle	第一	First	最后	Last	页脚	Footer

切图命名缩写对照表如表 5-7 所示。

表 5-7 切图命名缩写对照表

简称	含义	简称	含义
bg	backgrond 背景	default	默认
nav	navbar 导航栏	pressed	按下
tab	tabbar 标签栏	back	返回
btn	button 按钮	edit	编辑
img	image 图片	content	内容
del	delete 删除	left/center/right	左/中/右
msg	message 提示信息	logo	标识
pop	pop up 弹出	login	登录
icon	图标	refresh	刷新
selected	选择	banner	广告
disabled	不可点击	link	链接
user	用户	download	下载

○ 任务实训

实训项目 10 "青游"App 首页界面标注与切图

实训项目 10 任务工单.pdf   **教学视频.mp4**

如果在设计和制作各个界面时,使用的是 Photoshop 和 Illustrator 软件,那么在进行界面标注和切图时,就需要使用 Cutterman、慕客、MarkMan 等软件。如果你使用的是当下最流行的 Figma 和 MasterGo 在线设计工具,那么在这些工具中就可以生成标注和切图,并将设计图层转化为可以供开发人员使用的代码。

现在以 MasterGo 在线工具为例进行展示。

实施步骤及方法

1. 添加标注

打开 MasterGo 链接,在首页选中任意一个图层,单击属性栏中的"标注",标注栏下就会显示该图层的所有标注信息,包括大小、位置、字体、字重、字号、行高、填充、代码等,如图 5-2 和图 5-3 所示。

图 5-2　MasterGo 中的标注显示

图 5-3　MasterGo 中的标注代码显示

2. 分享标注

单击软件右上角的"分享"按钮，即可将界面连同标注信息一起分享给后台开发人员，开发者按照标注信息进行信息搭建即可，方便快捷，大大提高了工作效率。

3. 进行切图

同样，在该页面"标注"属性最下面，有"导出"按钮，单击右端的＋按钮，可以展开导出的属性栏，可以设置导出的倍数、名称、格式，还可以在下面预览要导出的对象，以防导出错误。不难发现，工作区中被切图的图层周围会出现一个虚线框，代表着该图层已被切图，以防重复工作，提高工作效率。具体的操作过程如图5-4和图5-5所示。

图5-4　MasterGo中图标的切图流程

图5-5　MsterGo中图标切图后的显示样式

○ 学习评估

专业能力	评估指标	自测等级
熟知界面标注与切图	能够熟练使用界面标注软件	□熟练 □一般 □困难
	能够明确产品切图要点与命名规则	□熟练 □一般 □困难
熟练掌握标注与切图办法	熟练使用标注切图工具	□熟练 □一般 □困难
	能够对产品标注和切图进行规范输出	□熟练 □一般 □困难

○ 学习小结

○ 拓展训练

扫描二维码，获取实训项目 10 任务工单，并按照工单要求以组为单位对项目的各个界面进行标注和切图，并整理打包。

参 考 文 献

[1] 叶军,江韵竹.UI 设计[M].北京:人民邮电出版社,2021.
[2] 胡卫军.UI 设计全书[M].北京:电子工业出版社,2020.
[3] 张小玲.UI 界面设计[M].2 版.北京:电子工业出版社,2017.
[4] 陈根.图解交互设计[M].北京:化学工业出版社,2021.
[5] 张晓景,李晓斌.移动 UI 界面设计[M].北京:人民邮电出版社,2018.
[6] 陈洁滋.UI 设计与制作[M].上海:上海人民美术出版社,2020.
[7] 威凤教育.数字媒体交互设计(中级)[M].北京:人民邮电出版社,2021.
[8] 王铎.解构 UI 界面设计[M].北京:人民邮电出版社,2019.
[9] 郗鉴.UI 设计师入门必读的书[M].北京:电子工业出版社,2019.
[10] 王涵.视界无界[M].北京:电子工业出版社,2019.
[11] 肖文婷.UI 设计——创意表达与实践[M].北京:高等教育出版社,2017.